人类的翅膀

世界商用飞机发展简史

Brief History of Commercial Aircraft in the World

《大飞机》编辑部 著

中国出版集团
中译出版社

图书在版编目（CIP）数据

人类的翅膀：世界商用飞机发展简史 /《大飞机》编辑部著. -- 北京：中译出版社, 2024.12. -- ISBN 978-7-5001-8131-6（2025.4 重印）

Ⅰ.V271-091

中国国家版本馆 CIP 数据核字第 20242X6B46 号

人类的翅膀 —— 世界商用飞机发展简史
RENLEI DE CHIBANG —— SHIJIE SHANGYONG FEIJI FAZHAN JIANSHI

著　　者：《大飞机》编辑部
策划编辑：于　宇
责任编辑：于　宇
文字编辑：华楠楠

出版发行：中译出版社
地　　址：北京市西城区新街口外大街 28 号 102 号楼 4 层
电　　话：（010）68002494（编辑部）
邮　　编：100088
电子邮箱：book@ctph.com.cn
网　　址：http://www.ctph.com.cn

印　　刷：北京中科印刷有限公司
经　　销：新华书店
规　　格：787 mm×1092 mm　1/32
印　　张：7.75
字　　数：130 千字
版　　次：2024 年 12 月第 1 版
印　　次：2025 年 4 月第 3 次印刷

ISBN 978-7-5001-8131-6　　　　定价：69.00 元

版权所有　侵权必究
中　译　出　版　社

500
多年前

15世纪末,达·芬奇绘制了机械翼设计手稿。这幅速写手稿连同达·芬奇的《鸟类的飞行》直到18世纪末才重见天日。

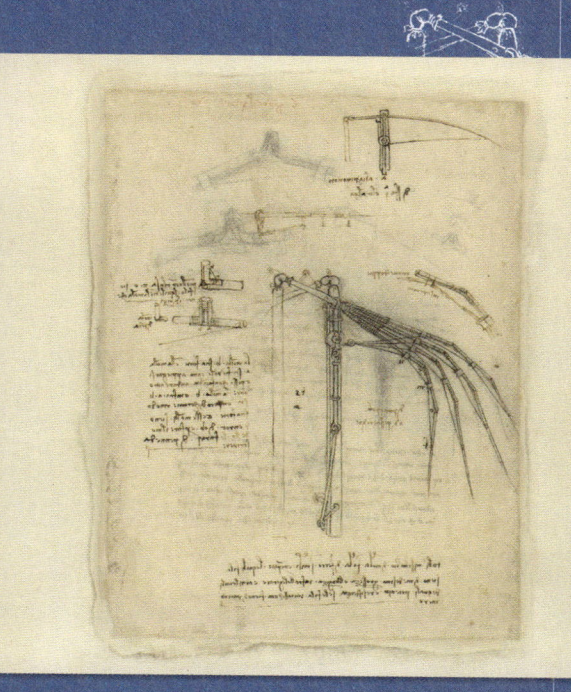

200 多年前

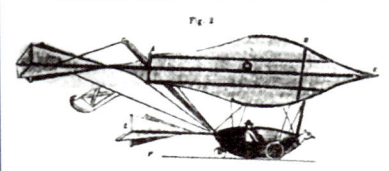

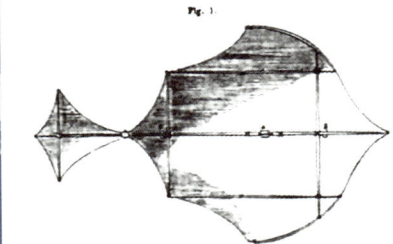

1809年，英国人乔治·凯利通过航空空气动力学实验写成《论空中航行》一文，指出机械飞行的"全部问题是给一块平板提供动力，使之在空气中产生升力并支持一定的重量"。威尔伯·莱特1909年说道："乔治·凯利爵士把航空技术推到了前所未有的高峰。"图为凯利设计的载人滑翔机草图。

120 多年前

1896年8月9日清晨,德国人奥托·李林塔尔吻别妻子,和弟弟古斯塔夫直奔附近的山坡,试验一个新的操纵动作。起飞时一切顺利,几分钟后便因滑翔机失速坠落,摔断了他的脊椎。在被送往柏林急救的途中,他对泪流满面的弟弟说了最后一句话:"牺牲是必需的。"图为德国1978年发行的李林塔尔滑翔飞行纪念邮票。

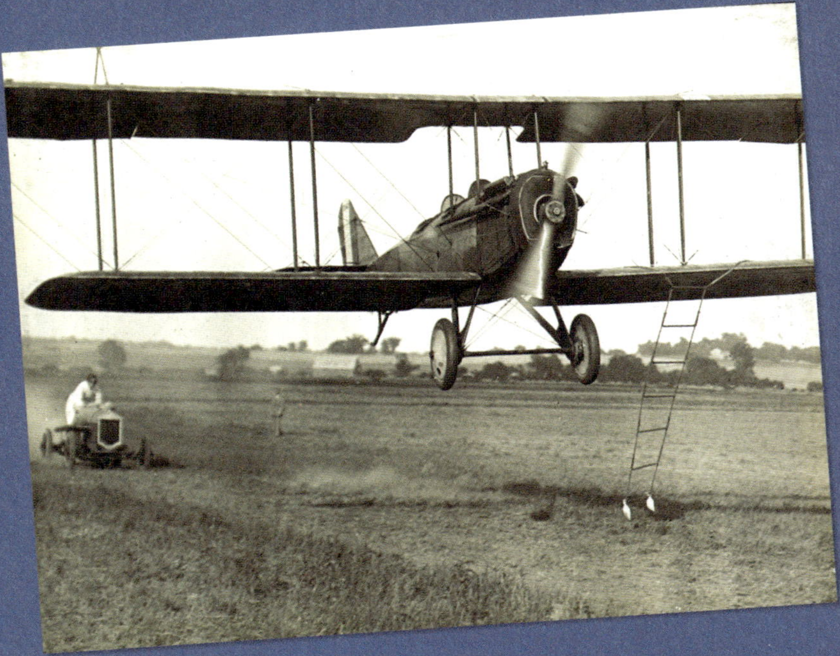

100
多年前

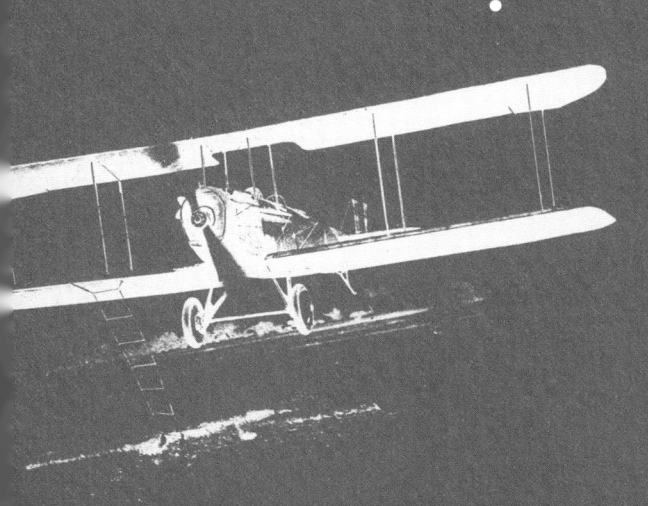

这是20世纪20年代美国乡间空中马戏团表演中的一幕。

在距离地面大约两三米的高度,一架双翼飞机正贴地飞行。飞机左侧下翼前缘垂下一条软梯,后方疾驰的跑车上,身着白衣的表演者正伺机爬上飞机,实现一次从汽车到飞机的转乘。此时,依靠内燃机驱动的汽车也已成为大众出行的交通工具,开始大批量生产。而飞机,这一新生的物种正以各种匪夷所思的方式,努力向世人证明自身的价值。

90 多年前

1925年，乘客正在一架德国容克公司G.24客机上看大片。20世纪20—30年代，飞行是一件昂贵的事情，从纽约到加利福尼亚的机票，大概300美元，当时足以购买一辆小汽车。客机大多是木质结构的，座位有两列，舱壁上一般有一幅地图，座舱下有一个呕吐盆。

70 多年前

人类航空史上第一款喷气式客机「彗星」号和它的缔造者——英国人杰弗里·德·哈维兰。两年间，他的两个儿子先后在喷气式轰炸机和喷气式客机试飞中不幸遇难，他的夫人因此悲伤过度也在三年后离世。

目录

第一部分 筑梦蓝天

第一章 003
"牺牲是必需的"

18世纪至19世纪中期的沉寂过后,对重于空气的飞行器的研究进入空前活跃的时期,有关飞行器结构、升力、阻力、稳定性等基础原理得以建立。但就是可操控的持续飞行这一步,成了黎明前最寒冷的长夜。

第二章 017
"飞行者一号"

发动机如何才能帮助滑翔机升空?先驱们面临两种截然不同的选择:一是延续凯利和李林塔尔所坚持的扑翼技术,让机翼像小鸟飞行一样扑动;二是吸收中国竹蜻蜓中所蕴藏的螺旋桨原理,利用螺旋桨来产生推进力,推动滑翔机起飞。这一次,轮到莱特兄弟做出选择了。

第三章 027
飞越英吉利海峡

当莱特兄弟享受着全世界的赞誉时,深受刺激的布莱里奥重装上阵了。他不仅重新改进了自己的飞机,还接下了一项不可能完成的挑战——飞越英吉利海峡。如果成功,他将成为第一个实现跨洋飞行的人;如果失败,则将和前辈们一样,走向悲壮。

I

第二部分 商用飞机

第四章 043
飞机 VS 飞艇

20世纪初,人类终于集齐了现代四大交通运输工具——轮船、火车、汽车和飞机。然而,在当时人的眼中,飞艇在商业航空中所展现的价值和能力,是飞机这一新生者所无法比拟的。

1931年,福克几乎是一夜之间成了危险的代名词,以福克10为代表的木结构飞机逐渐被抛弃,波音公司用波音247推开了商用飞机的新大门。伴随环球航空的一次绝地反击,世界上第一架可以让航空公司盈利的商用飞机悄然问世。

第五章 057
第一代商用飞机横空出世

第三部分 喷气时代

第六章 079
喷气式飞机从战火中走来

自飞机诞生以来,螺旋桨就成为其不可或缺的重要组件,以至于当有人提出设计一种没有螺旋桨的飞机时,全世界都觉得十分荒诞。然而正是如此天方夜谭的设想,揭开了航空发展史上最为重要的篇章。

第七章 "彗星"闪耀 092

1949年，倾注了德·哈维兰半生心血的第一架"彗星"号喷气式客机问世，并以其他任何在役的民航客机都远不能达到的速度，首次带领人类抵达万米高空。一场改变航空工业，也改变人类生活方式的变革，即将降临。

第八章 喷气浪潮 111

就在喷气式商用飞机方兴未艾之时，曾经闪耀世界的"彗星"轰然陨落。疲劳力学，一门崭新的学科应运而生。"彗星"用自己的血泪，为后来者搭起了一架天梯。以图-104、波音707和DC-8为代表的第一代喷气式客机终于在商用飞机市场站稳了脚跟。

第四部分 谁是王者

第九章 超声速风暴 129

为了不让自家的停机坪永远停满美国的飞机，英、法两国终于迈出了久违、艰难但却更为现实的一步：决定联手反击。大型超声速喷气式客机，这条具有颠覆性创新的道路，成了他们重新夺回市场的唯一希望。一时间，全球航空工业都开始了一场速度竞赛。

第十章 宽体"巨星" 142

1969年，巴黎航展，波音747和"协和"号的同时亮相，不仅吸引着航空公司的目光，更撩拨着全人类对天空最终极的想象。而它们神奇的相遇，竟始于一次毫无征兆的闲谈。

第十一章 　**156**
欧洲突围

一款机型，一次选择，直接促使两家曾经不可一世的航空巨头退出商用飞机制造商的行列。连柯尔克自己也没有想到，让"柯尔克机器"真正成为现实的人，竟来自大洋彼岸。

第五部分　更高天空

第十二章　**177**
系列化对决

在空客 A320 系列化发展的道路上，最具吸引力的还是其通用性。空客不断将这种通用性原则一直扩到 A330、A340 和 A380 等系列飞机的发展中，一步步占据世界商用飞机的半壁江山。

一部适航审定条例，就好似一部人类航空史的错题本，凝聚了人类空难的血泪教训。一款飞机的适航性，就是它在预期环境中安全飞行的固有品质，并且这种品质可以通过合适的维修而持续保持。那么，如何保证一款飞机全寿命周期的安全呢？

第十三章　**194**
不断浮升的适航刻度线

第十四章　206
地球上空的产业

穿越历史的迷雾，人们发现，商用飞机产业早已不是一个单纯的制造业，托举起这个庞大产业体系的，是一双双看得见和看不见的手。从空客A380停产到波音737MAX事件，再到席卷全球的新冠疫情，无数人第一次那么直观地感受到商用飞机产业的艰难和风险。面对悄然来临的百年变局，商用飞机的发展之路在何方，究竟如何才能支撑起大飞机的持续逆风远航？

后记　229
参考文献　231

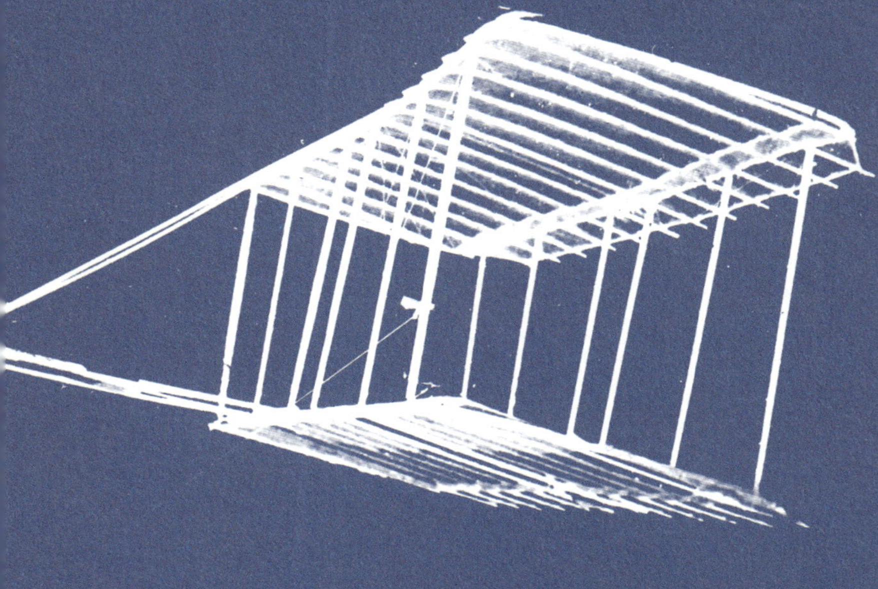

第一部分

筑梦蓝天

自人类文明诞生之日起
飞向蓝天就一直是萦绕在人类心头的梦想
这个人类憧憬了千万年的美梦
仅仅实现于 100 多年前
但人类对飞行的科学探索
却历经了 500 多年的风雨

第一章
"牺牲是必需的"

自人类文明诞生之日起，飞向蓝天就一直是萦绕在人类心头的终极梦想之一。

在古代，不同国家的人们靠艺术和想象创造出了众多可以御风而行、腾云驾雾的神明，以此来代替自己，实现在空中遨游的梦想。

美国火箭学家赫伯特·基姆在其《火箭和喷气发动机》一书中曾说："大约14世纪末，中国有位职居万户的官吏，他在一把椅子背后装上47枚当时所能买到的最大的火箭，然后把自己也绑在椅子上，两手各拿一只大风筝。接着，他命手下同时点燃47枚大火箭，希望能借助火箭向上的推力和风筝带来的升力，飞入苍穹。目标——月亮。"这位飞天的勇士即明初万户陶成道，他也因此被称为世界历史上第一个用火箭动力飞天的人。

意大利昂布罗修图书馆收藏的一幅达·芬奇速写手稿

在手稿的上半区是一张飞行器绘图,下半区散布着一些飞行器部件的绘图,中间区域是一段镜像书写的注释。

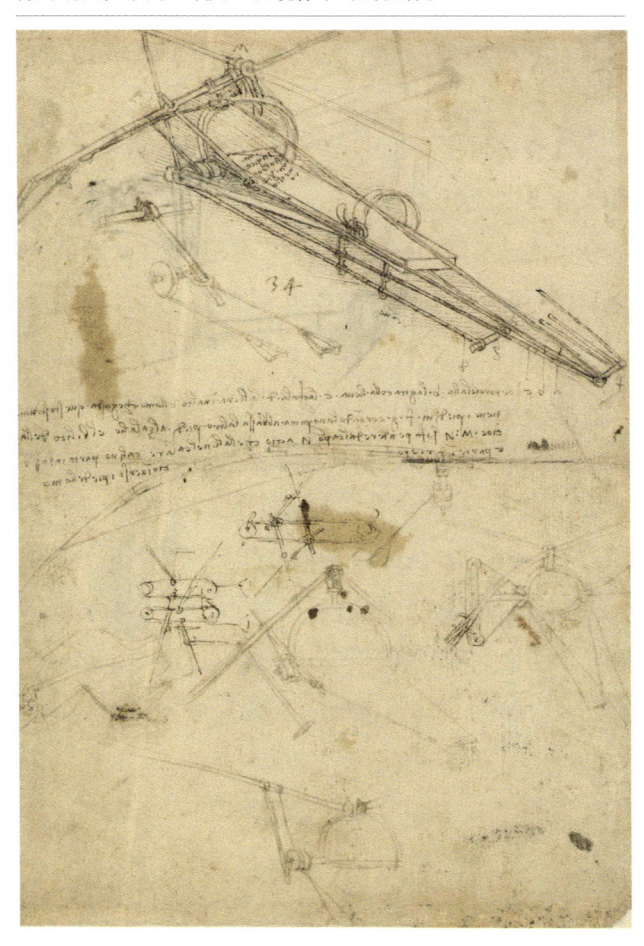

上页这幅速写手稿完成于15世纪末，尘封于16世纪初，在18世纪末重见天日，但直到19世纪末才被公之于世。它的主人正是文艺复兴时期的列奥纳多·达·芬奇。

达·芬奇深信，人类想要飞上蓝天，唯一的方法就是模仿其他动物。16世纪，达·芬奇开始系统地探索人类的飞行。当这一阶段的研究结束时，一部以飞行为主题的手稿——《鸟类的飞行》也随之问世。此后，他不断减少对飞行器本身的研究，转而开始着重研究理论。

1519年，达·芬奇逝世，他的全部设计手稿也被束之高阁。

在航空发展漫长的道路上，绝大多数研究者都和达·芬奇一样，遵循着一条模仿自然飞行（尤其是鸟类飞行）的路径，执着于扑翼机的探索。

17世纪，英国学者胡克指出，依靠人体自身肌肉的力量，不可能使人自身像鸟一样飞行，除非有长达6米的胸膛来容纳肌肉。这几乎决定了扑翼机的研究没有成功的可能，然而研究扑翼机的人并没有因此而减少。

到了1783年，蒙哥尔费兄弟成功发明载人飞行热气球的消息不胫而走，众多航空先驱的研究方向一下子转移到轻于空气的飞行器上，而对重于空气的飞行器的研究则陷入沉寂。当时的人们要么认为重于空气的飞行器只能是扑翼机，要么认为重于空气的飞行器完全不可能成功。这种局限直到19世纪才被乔治·凯利打破。

1773年出生的乔治·凯利，师从数学家乔治·沃克和电磁学家、化学家摩根，拥有十分广泛的兴趣爱好。当蒙哥尔费兄弟发明的载人飞行热气球升空时，飞行成了他的兴趣爱好之一，不过他更感兴趣的是机械飞行。

1796年，23岁的凯利模仿中国竹蜻蜓，制作了一个直升机模型。这个模型与法国人洛努瓦和比安弗尼在1784年"重新发明"的直升机相似。之后，凯利和达·芬奇一样，对鸟类的飞行进行了大量研究。他测量鸟翼面积、鸟的重量和鸟的飞行速度，并在此基础上估算速度、翼面积和升力之间的关系。他把鸟类翅膀的功能分成推进和抬升两种，从而设想在飞行器的设计中，也需要实现这两种功能。1799年，凯利设计出了自己的航空器方案。这是一架固定翼航空器——滑翔机。在伦敦科学博物馆收藏的一个小银盘上，刻着它的草图。

草图上，飞行员坐在固定机翼下的船式机身内，操纵一副桨式"扑动翼"，以产生推动力。尾部安装着一套十字形尾翼组件，有组合式升降舵和水平安定面，以及组合式垂直安定面和方向舵。这项设计已完全具备现代飞机所必需的升力、稳定和驱动三大基本组成单元。

这幅绘画作品表现的正是蒙哥尔费兄弟用动物进行的搭乘试验飞行

1783年9月19日,蒙哥尔费兄弟进行了人类历史上第一次用动物进行的搭乘试验飞行。从那时起,几乎所有的热气球都有了一个崭新的名称——"蒙哥尔费"热气球。

接下来的几年里，凯利重点研究了鸟的推动力，并在1804年通过空气动力学实验迈出了研究的关键一步。他设计了一架旋臂机，在旋臂机上安装了一块0.1平方米的平板，进行平板的升力和阻力研究。后来，他又在旋臂机上安装了一个滑翔机模型，并把实验的范围扩大到对最小阻力物体的研究，其中就包括滑翔机翼型的选择。为此，他曾解剖过一条鳟鱼，仔细测量、画出鳟鱼的截面流线型曲线，并说明了它的减阻特性。经过一系列实验，凯利终于得出了空气动力学史上第一个关于升力理论的重大结论：空气的升力与空气介质密度成正比，与平板面积成正比，与运动速度的平方成正比，与迎角的正弦成正比。

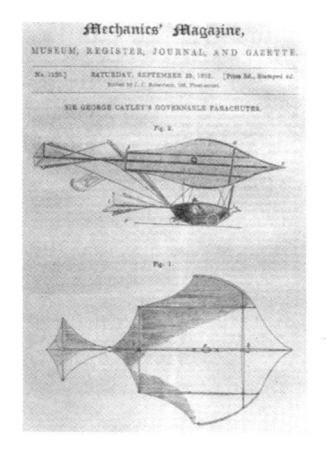

乔治·凯利设计的载人滑翔机草图

在这张滑翔机草图中，我们可以清晰地看到，他对"十字形尾翼"的创造性设计。

再后来,凯利对人体肌肉的力量也进行了研究,并且比17世纪胡克所估计的更为精确。他认为,人靠自身肌肉的力量可以飞行,前提是必须有高功率的动力转换装置。如果人的功率能100%用于飞行,那么人力飞行是可能的。现代人力飞机的飞行成功证明了这个结论。但由于人造机械装置的功率很难达到100%,因此凯利在1807年着手研制发动机。

那时,推动整个工业革命进程的蒸汽机,已经被成功发明并得到应用。但凯利认为蒸汽机的功率与重量比非常低,功率增加一点点,它的体积和重量都会增加非常多,不适合用在飞行器上。于是,他在第二年发明了一种热空气发动机,并设想使用氢作燃料。令人遗憾的是,这项发明并未取得成功。

在发动机研发上的失败,迫使凯利重新回到飞行器机身相关部件的设计上。很快,他就研制出"桨轮"滑翔机,以及后来飞机专用的轮子和管式结构。又过了一年,凯利成功制造出航空史上第一架全尺寸滑翔机,并成功进行了载人滑翔试验。他在一段相关的记述中说,滑翔机"不断把他带起,并把他带到几米外的地方"。

1809年,凯利系统总结了过去的研究成果,写成《论空中航行》一文,指出机械飞行的"全部问题是给一块平板提供动力，使之在空气中产生升力并支持一定的重量"。他通过平板升力估算，给出了重于一架空气飞行器的设计参数，其中平板面积需要 18.6 平方米。他还在论文中分析了飞机的稳定性、安全性和操纵性的重要意义。

这样一篇论文的问世，被看成现代航空学诞生的标志。但令人遗憾的是，论文中并没有提出利用螺旋桨产生推进力。相反，该文一直固执、错误地坚持了扑翼的研究。更令人遗憾的是，从 18 世纪到 19 世纪初，在气球的光芒遮蔽下，人们对重于空气的飞行器普遍持怀疑的态度，许多权威者甚至对它判了"死刑"。因此，当凯利这篇杰出的论文发表时，很少有人认真加以研究，大多数人把它当作一种奇思异想，不予理睬。

得不到人们的理解和支持，又没有经费，更没有适用的发动机，凯利感到非常失望，一度中断了对重于空气的飞行器的研究，而转入飞艇研究，并首次提出了硬式飞艇和分离气囊的设想。又一次令人遗憾的是，这一设想在整个 19 世纪都未能引起人们的注意，直到 20 世纪初，才由德国的齐伯林将其变成现实，制造出举世闻名的齐伯林飞艇。

值得庆幸的是，凯利有一位忠实的追随者——威廉姆·塞缪尔·汉森。这位英国工程师依据凯利阐述的航空基础原理，在 1842 年完成了一架飞行器设计方案，并在

1843年获得了专利，取名为"空中蒸汽车"。汉森所面临的真正的难题，是缺少一种既能产生推动飞机所需的足够强大的动力，又不至于笨重到影响飞行的发动机。

1846年，汉森给凯利写信，尊称凯利为"航空之父"，请求凯利给予经济支持。凯利在回信中表示自己也有同样的困难，实在没有办法提供经济上的帮助。汉森只能制造一架等比例缩小的"空中蒸汽车"模型机。它的翼展约为6米，使用一台小型蒸汽机作为动力装置。试飞时，升力不足的机翼和过重的发动机一直把模型机向地面拉，始终没有成功起飞。

20多年后，一位名叫费利克斯·迪唐普尔的法国军官，全尺寸制成了一架与"空中蒸汽车"相似的单翼机。不同的是，这架单翼机装有上反角机翼和一台蒸汽发动机。大约在1874年，这架单翼机由一名水手驾驶，经过一段下坡，助推起飞，在空中飞行了很短的一段距离。

这是航空史上第一次有动力载人飞行器做这样的飞行，但由于采用助推起飞，这次飞行没有被看作正式的有动力飞行。

几乎同时，另一位法国人克雷芒·阿德尔公开展出了他的第一架大型航空器模型，并于1890年据此研发出一架名叫"风神"的航空飞行器。

威廉姆·塞缪尔·汉森设计的"空中蒸汽汽车"模型

1890年10月9日，阿德尔驾驶蒸汽机驱动的"风神"，擦地跳跃飞行了50米左右。因而他被认为是第一个驾驶有动力飞机离开地面的人，只不过，这种连续跳跃飞行并不是真正的持续飞行。后来他设计了自己的第二架有动力航空器，取名为"Avion"，意为"飞机"。

因为种种原因，"Avion"始终停留在设计稿纸上，但令人高兴的是，"飞机"这个名称开始出现，并逐渐被人们接受。

1892年，阿德尔与法国军事当局签订了一份合同，得到资助，并在1897年研制出了Avion Ⅲ。同年10月14日，Avion Ⅲ在陆军兵营里进行了第一次试飞，结果却以失败告终。当局决定不再继续进行这项昂贵的试验。

失去资助的阿德尔在耗尽个人财力后，停止航空研究，毁掉除Avion Ⅲ以外的所有成果。而就在一年前（1896年）的8月9日，德国航空先驱——奥托·李林塔尔驾驶的一架滑翔机在试飞中坠落。第二天，他因伤重不治在柏林去世。

在1861—1873年，这位执着于扑翼机研究的德国工程师，和他的弟弟古斯塔夫制造出大量扑翼机，展开了一系列的早期试验。其间，由于普法战争，李林塔尔应征服役，研究工作因而中断，直到1882年，试验工作才得以恢复。

阿德尔设计的 Avion Ⅲ

1909 年巴黎国际航空展，工人们正在搬运幸存下来的史诗级展品——Avion Ⅲ

1889年，李林塔尔把这些研究和试验结果整理成《作为航空基础的鸟类飞行》一书，公开出版发行。在书中，他集中讨论了鸟翼的结构、鸟的飞行方式和体现的空气动力学原理，并把从中得到的数据用于人的飞行，论述了人类飞行的种种问题。他还特别分析了人造飞行器的翼面形状、面积大小和升力的关系。尽管他的一些发现后来被莱特兄弟证明是错误的，但这本书仍然被认为是一部伟大的航空经典著作，几乎成了与他同时代或比他稍晚的航空先驱者的必读书。

从1891年到1896年，李林塔尔共制造了18种滑翔机，进行了2 500多次滑翔飞行，最远的一次飞行是从15米高的山头起飞，滑翔了约300米，还完成了180度的转弯飞行。为了对滑翔机进行研究和改进，他将许多滑翔飞行的情况拍成照片，然后加以分析和研究。这不仅为其他研究者提供了极为珍贵的第一手资料，还在当时产生了广泛而积极的影响。

1896年8月9日清晨，李林塔尔吻别妻子，和弟弟古斯塔夫直奔附近的山坡，试验一个新的操纵动作。起飞时一切顺利，几分钟后便因滑翔机失速坠落，摔断了他的脊椎。在被送往柏林急救的途中，他对泪流满面的弟弟说了最后一句话："牺牲是必需的。"

李林塔尔站在山头准备滑翔试验

第二章
"飞行者一号"

18世纪至19世纪中期的沉寂过后,对重于空气的飞行器的研究进入空前活跃的时期,在凯利、汉森、阿德尔、李林塔尔等一众航空先驱的努力下,有关飞行器结构、升力、阻力、稳定性、安全性和操纵性的基础原理得以建立,并在重于空气的有动力飞行器的研制上,留下了宝贵的试验数据。但就是可操控的持续飞行这一步,成了黎明前最寒冷的长夜。

1900年,一对美国兄弟——哥哥威尔伯·莱特和弟弟奥维尔·莱特制成了他们的第一架双翼滑翔机,并运往北卡罗来纳州的基蒂霍克进行试验。这架双翼滑翔机的形状与风筝类似,但大小足以托起一个人。

在当年的试验中,它的确升起来了,但由于绳子的缠绕,未能升空。

莱特兄弟认识到,一架飞行器不是仅仅依靠空气就能飞起来的,还需要对其进行一些控制。在随后的日子里,他们需要将出现的问题逐个击破。其中最困难的就是让滑翔机旋转。于是他们研究飞行中的小鸟，发现小鸟可以在空中悬停一段时间，当它想转变方向的时候，动作十分流畅。因此，他们就想，为什么人不能制造出可以改变机翼形状的飞行器呢？

为此，他们用上了操纵索，并通过拉动操纵索来控制飞行器的两个横翼，使之能够在空中改变形状。

理论上，通过这些操作，飞行器就能在空中旋转，可控性也将变得更好。

在想出了如何让滑翔机在空中改变机翼形状的方法后，他们又根据前人的研究成果进行机翼的优化改造，制作出第二架滑翔机，并于1901年在基蒂霍克夏季的狂风中滑翔成功。

然而滑翔机在控制上出现了很大的问题，优化改造的机翼表现欠佳，而且滑翔高度也远没有达到预期。在返回代顿的火车上，威尔伯沮丧地说："在未来1 000年，人类都无法飞上蓝天。"

同年秋天，威尔伯意识到，或许之前采用的数据是有问题的。于是，他和奥维尔决定先将前人的研究数据搁在一边，制订了一项非常全面的，包括在风洞中对翼型、机翼的升力与阻力进行试验的计划。

1900年，莱特兄弟在基蒂霍克进行滑翔机飞行试验

1901年，莱特兄弟进行第二架滑翔机的飞行试验

在代顿，他们建造了2个风洞，然后做了200种微缩机翼面。这些机翼面很小，只有成年人的一根手指大小，形状也各不相同。有的是平的，有的是曲线形的；有的宽，有的窄……

从1901年到1902年，他们在风洞中对200种微缩机翼面进行了几千次试验，最终证实前人给出的数据的确存在许多错误。有的错误尽管很小，但对实际制作的机翼会产生很大的影响。他们根据这些试验结果，重新编写了机翼升力和阻力等相关数据，并为下一架滑翔机制作出一款全新的机翼。

1902年，莱特兄弟带着第三架滑翔机，又一次启程了。截至同年10月底，他们轮流驾驶这架滑翔机，进行了约700次滑翔，即使在每小时36千米速度的强风下，滑翔机也能保持良好的稳定性和操纵性。

莱特兄弟返回代顿，制成了一台四缸水冷式汽油发动机。但问题是，发动机如何才能帮助滑翔机升空？他们面临两种截然不同的选择：一是延续凯利和李林塔尔所坚持的扑翼技术，让机翼像小鸟飞行一样扑动；二是吸收凯利制造的直升机模型上所应用的螺旋桨原理。

经过艰苦的理论研究和风洞试验，他们最终选择利用螺旋桨来产生推进力，推动滑翔机起飞。

1902年，莱特兄弟进行第三架滑翔机的飞行试验

这多少得益于他们此前从事的自行车发明工作，发动机就好比骑车的人，螺旋桨就好比自行车的脚踏曲柄，链条就是传导动力，将动力转换为推动自行车前行的推进力。

1903年，莱特兄弟根据风洞升力表测出的数据，用枞木雕出了两副直径为2.59米的双叶螺旋桨，安装在滑翔机的机翼后侧，然后用自行车链条将它们与发动机连接，由发动机来推动螺旋桨旋转，从而推动滑翔机飞行。

1903年9月，莱特兄弟带着一架装有发动机和螺旋桨的滑翔机，回到他们熟悉的基蒂霍克海滩，连续进行了多日的试飞。可事情并没有想象中那么顺利，这架被命名为"飞行者一号"的滑翔机不是发动机出故障，就是螺旋桨出毛病，再不然就是驾驶技术有问题。

值得庆幸的是，他们没有就此放弃，更没有选择回到凯利和李林塔尔的老路上，而是拿出李林塔尔疯狂试验的勇气，坚持试飞。

恰在这期间，史密森学会的塞缪尔·兰利在华盛顿郊外进行新机载人飞行试验。结果，这架获得美国军方5万美元资助的新机飞行失败，坠入波托马克河。

1903年12月14日，莱特兄弟又一次回到基蒂霍克，开展新一轮试飞。威尔伯登机后，伏卧在下机翼的中间进行操纵。不一会儿，发动机传出轰鸣的声音，螺旋桨也慢慢转动起来。紧接着，"飞行者一号"从斜坡上滑行3米后，呼啸着升入空中。然而他们还来不及兴奋，"飞行者一号"突然开始自行减速，很快就掉到地上。所幸试飞高度很低，威尔伯和"飞行者一号"都没有受到大的损伤。

经过认真排查，奥维尔意识到，不是"飞行者一号"出了问题，也不是驾驶操纵不对，极有可能是试验场地不对。因此，莱特兄弟决定换到平地上，重新进行一次试飞。经过三天的密集准备，他们在1903年12月17日上午，开始了新的挑战。

1903年12月17日，莱特兄弟完成划时代的试飞

照片中奥维尔·莱特正在操控飞行器。他俯卧在下翼上，臀部贴在操纵翘曲机翼的支架上。威尔伯·莱特在旁边跑着，竭力维持飞行器的平衡。他刚刚放开抓住右翼前方支柱的手。飞行器的后面可以看到起飞道、机翼支撑物、线圈盒和其他飞行所需部件。

上午10点30分左右,奥维尔登上"飞行者一号",开启发动机,"飞行者一号"随即在跑道上向前滑行。

奈何天公不作美,基蒂霍克这个冬日的早晨,不时有大风吹来。为了不让开始滑行的"飞行者一号"有太大晃动,威尔伯不得不用手扶着机翼的翼尖,跟在旁边不断加速奔跑。"飞行者一号"的滑行速度越来越快,威尔伯无论如何也跟不上了,这才放手。但他没有停下来,依然紧跟在"飞行者一号"身后,目送它晃晃悠悠地飞上天空。

这一次,"飞行者一号"大约飞行了12秒,并在奥维尔的控制下,稳稳地着陆。威尔伯冲上前去,激动地扑到奥维尔身上,大喊着:"我们成功了!"就这样,奥维尔·莱特成了人类历史上第一个驾驶重于空气的飞行器,实现有动力、可操纵且可持续水平飞行的人。

尽管这次具有历史意义的飞行只持续了12秒,飞行距离也仅有36米,但并不妨碍它开辟人类航空科学的新纪元,揭开了人类航空史上崭新的一页。

```
Form No. 168.
THE WESTERN UNION TELEGRAPH COMPANY.
            INCORPORATED
   23,000 OFFICES IN AMERICA.    CABLE SERVICE TO ALL THE WORLD.

RECEIVED at                                           170

176 C KA CS 33 Paid.      Via Norfolk  Va
Kitty  Hawk N C Dec 17
Bishop M Wright
          7 Hawthorne St

Success four flights thursday  morning  all against twenty one mile
wind started from Level with engine power alone  average speed
through air thirty one miles longest 57 seconds inform  Press
home Christmas .                    Orevelle Wright     525P
```

奥维尔·莱特从北卡罗来纳州基蒂霍克给父亲发送的告知试飞成功的电报

电报正文为:"今早四次逆风飞行成功,风速每小时 21 英里[①],发动机推动平地独立起飞,逆风均速每小时 31 英里,最长飞行时间 57 秒,通知媒体,圣诞回家。"

---

① 1 英里 ≈ 1.61 千米。

第三章
飞越英吉利海峡

莱特兄弟于1903年所取得的重大突破，在当时并没有被立即认可，反而引发了铺天盖地的口诛笔伐。

面对舆论的喧嚣，莱特兄弟表现得非常冷静，他们清楚，要想制造出一架对人类有实际意义的飞机，还有很多任务需要完成。

"飞行者一号"试飞结束后，莱特兄弟返回代顿，开始寻找一个距离代顿更近且更为开阔的场地，以进行更多的试验来使刚刚诞生的飞机更具实际意义。

1904年，莱特兄弟研制出"飞行者二号"。为了提高飞机性能，他们给飞机安装了另一种形状的机翼。可是新机翼并没有给他们带来惊喜，反而导致多次试飞失败。整个夏天，莱特兄弟不得不在霍夫曼草原进行了100多次试飞，可累计飞行时间还不足2小时。

最后，他们将飞机拆除，并在1905年制造"飞行者三号"的时候，重新启用了1903年"飞行者一号"的机翼设计，然后做了一些改进。他们给机翼装上了双螺旋桨，还把他们为自行车发明的闪光指示灯也装到了机翼两侧。

同时，为了适应霍夫曼草原的场地环境，他们给这架新飞机安装了起降用的升降舵，由飞行员用手柄控制。为了解决试飞时出现的转弯失速问题，他们还把用于操纵机翼和方向舵的钢索分隔开来。这样既可以同时操纵机翼和方向舵，又可以单独操纵其中一个，从而取得理想的机翼扭曲和方向舵的转动。

1905年秋天，莱特兄弟给"飞行者三号"加满油，从霍夫曼草原出发，持续飞行了40多分钟，飞行距离达到40千米。最为重要的是，"飞行者三号"完成了圆周飞行，成功降落在起飞的地方。

这个秋天，莱特兄弟对"飞行者三号"一共进行了几十次试飞，全面考察了它的重复起降能力、倾斜飞行能力、转弯和完全圆周飞行能力，以及8字飞行等各种性能。当"飞行者三号"可以轻而易举地完成这些难度较大的飞行和有效操作时，他们确信自己制造出了一架真正实用的飞机。随后，他们开始不断地给美国政府和美国陆军写信："我们这里有一架能够实用的飞机，对美国政府有重大意义。"

但是，美国政府那时已经在兰利的飞行试验中投入了大量资金，而飞行试验并没有成功。他们不相信毫无名气的莱特兄弟，所以美国陆军的回复是："在用实际飞行表明能够进行平飞和能携带一名操作员的飞行器造出之前，我们是不会采取任何措施的！"

莱特兄弟开始给其他国家的政府写信，但得到的回复同样令人失望。在1906年的《国际先驱论坛报》中关于莱特兄弟的报道，文章标题就劈头盖脸地写道："是飞人？还是骗子？"

1905年，莱特兄弟进行"飞行者三号"的试飞

在照片记录下的这次试飞中，"飞行者三号"在19分55秒的时间里，完成了12英里的飞行。

恰在这一年的 10 月 9 日,德国航空先驱齐伯林研制出的 LZ-3 号硬式飞艇,在试飞中持续飞行了 4 小时以上,最后安全着陆,取得完全成功。当月 23 日,曾让飞艇备受瞩目的巴西人阿尔贝托·桑托斯·杜蒙再现辉煌,成功驾驶一架双翼机,完成了欧洲航空史上首次重于空气的飞行器动力飞行。

随后,法国人路易·布莱里奥向杜蒙发起了挑战。他们约定在 1906 年 11 月 12 日,驾驶各自制造的飞行器,进行一场 200 米飞行比赛。

最终,杜蒙研制的那架被命名为"14 比斯"的双翼机,飞行了 21 秒,飞行距离达到 220 米。而布莱里奥的单翼机却因为一块石头和一条排水沟的出现,变成一堆废料。他甚至还没能驾机离开地面,就已经"坠机"了。

比起"不切实际"的飞机,欧洲政府更愿意将钱花在看得见实用价值的飞艇上。

1907 年,仅齐伯林飞艇公司就获得了德国政府专门拨出的 50 万马克,用于 LZ-3 号硬式飞艇的试验。而从 1905 年秋天就开始停止试飞的莱特兄弟,不得不继续四处奔走,试图抓住每一个让实用飞机得以应用的机会。在美国时任总统的关注下,莱特兄弟终于得到了一个将飞机投入实际应用的机会——获得了美国陆军 25 000 美元的资助。

不过，当局为避免1903年发生在兰利身上的结果重现，给这笔资金附加了严格的条件——在1908年9月完成一场公开测试，并达成三个目标：第一，机上除飞行员外，还得搭载1位乘客和2件不少于350磅①的物品；第二，持续飞行时间不得少于1小时；第三，在所携燃油足以支持飞机飞行125英里的情况下，飞行时速不得低于40英里。

对莱特兄弟而言，这更像是一场赌博。但他们没有拒绝的理由，只能全盘接受，并迅速以"飞行者三号"为原型机开展改进工作。

1908年5月，第一架改进的新机制造完成。为保险起见，他们做出了一个新的决定：兵分两路，同时在美国和欧洲开展将飞机演示推广的工作。当月，威尔伯便带着新机前往欧洲商谈合作事宜，奥维尔则留在美国准备即将在9月举行的公开测试。

威尔伯在欧洲的工作并没有想象中那么顺利。几经波折，威尔伯发出预告：1908年8月8日，勒芒郊区的诺迪雷斯赛马场即将举行一场飞行表演。

---

① 1磅≈0.45千克。

1908年，威尔伯·莱特驾驶"飞行者"升空

可当天到场的观众还不足120人。引擎轰鸣，威尔伯·莱特驾驶着"飞行者"轻松盘旋上升，随后平稳落地。现场爆发出阵阵欢呼声。

接下来的4天里，威尔伯不断挑战着新的极限。到了第5天，观众已经增加到1万人。

一个美国小伙子驾驶飞机飞上天空的消息迅速传到了巴黎。巴黎距离勒芒大概有2个小时路程。因此人们骑马、坐车、步行或者骑自行车，纷纷从巴黎赶到勒芒观看这位美国小伙子的表演。而威尔伯的表演时间也越来越长，动作难度越来越大，爬高、倾斜、转弯、圆圈飞行、8字飞行……他几乎献上了所有的飞行技能。

"飞行者"所展示的优越性能，不仅打破了当时所有飞机的各项纪录，而且超乎所有欧洲航空先驱的想象。曾经坚定质疑莱特兄弟的法国航空专家阿奇迪肯公开道歉说："今天，他们在法国已被顶礼膜拜，而我也非常荣幸，能借此机会表达我的歉意！"

当威尔伯在欧洲重塑着世人对飞行的认知时，奥维尔在美国的表演却并不顺利。1908年9月3日，按照与美国陆军的约定，奥维尔在波托马克河畔的迈耶堡成功举行了一场公开测试。但在后来的一次表演中，奥维尔不幸坠机，左脚骨折，四根肋骨断裂，三处髋骨骨折和一处髋关节脱臼。

人类历史上第一次飞机致命空难

1908年9月17日下午5时,在弗吉尼亚迈尔斯堡,奥维尔·莱特驾驶一架"飞行者三号"飞机为美国陆军进行演示飞行,飞机上还搭载了一位美国陆军中尉,他是美国陆军中积极的航空推动者。奥维尔驾机升空后,以50米高度在2 000名观众的上空兜了三圈,但随后就发生了坠机事故,致使奥维尔受了重伤,机上的中尉送往医院经抢救无效死亡。经过调查,奥维尔发现事故的直接原因是螺旋桨上出现了应力裂纹,最终导致螺旋桨断裂。

弟弟的事故深深地刺痛了威尔伯。在接下来的几周里，他连连刷新飞行高度和持续飞行时间的纪录。最终，他的精彩表演打消了美国陆军当局对奥维尔飞行事故的担忧，成功拿下了第一架军用飞机的订单。紧接着，他们又与法国商人签订了出售一架飞机的合同。

当莱特兄弟享受着全世界的赞誉时，法国人布莱里奥也重装上阵了。十四年磨一剑的他，接下了一项不可能完成的挑战——飞越英吉利海峡。这项赏金高达1 000英镑的挑战，自问世之后一年之中无人敢应。后来应战的两位勇士，也先后坠入大海。

1909年7月25日凌晨4时许，迎着日出，布莱里奥驾驶着自己制造的布莱里奥XI型飞机起飞了。

这架飞机只有两只仪表，没有挡风玻璃，没有高度表，也没有速度表，更没有指南针引导方向。他需要用自己的脸去感受速度，用肉眼去完成导航。

海面上，他的"信标"是一艘监护此次飞行的法国鱼雷驱逐舰。起飞后不久，他就超过了那艘驱逐舰，飞进了雾里。

布莱里奥 XI 型飞机

十几分钟后，英国的陆地逐渐进入他的视野，布莱里奥惊喜地辨认出，那是多佛的悬崖峭壁。他决定就在那里降落，并开始降低飞行高度，可就在离地面20米左右时，飞机突然失控坠落，螺旋桨和起落架彻底损毁，但布莱里奥却没有受伤。他爬出飞机，和周围的人一起庆祝这一历史性的飞跃。

在飞越英吉利海峡的挑战中，布莱里奥XI型飞机用时36分钟，飞行距离41.9千米。

这是一次名垂航空史册的壮举。因为之前的航空先驱仅在航空展会上做一些展示，或者说是表演，而这次跨越让人们第一次意识到，飞机确实可以成为一种交通工具。

3个月后，中国人冯如驾驶着自己制造的飞机——"冯如1号"，在奥克兰附近首次试飞，飞行距离804米。航空先驱的行列中，第一次出现中国人的身影。

一时间，中国、英国、德国、俄国等世界各地的先驱一次次起飞，带着梦想，无畏探索，终于开启了一个崭新的飞行时代。

然而，无论当时的人们如何赞美莱特兄弟或者布莱里奥，恐怕都不会想到，最终改写之后100年世界航空工业格局的，却是另一群人。

冯如在广州准备试飞（机上飞行员为冯如）

"冯如1号"使用的螺旋桨、内燃机和其他零部件，都是冯如自己设计制造的。1911年2月，冯如谢绝美国多方的聘任，带着助手及两架飞机回到中国。

当布莱里奥驾驶着飞机在美国进行巡回表演时，一位观众的梦想被彻底点燃了。他就是威廉·波音。这位28岁的木材商人开始追逐飞行的梦想。

为了制造出更好的飞机，他在1912年进入格伦·L.马丁公司，做起了学徒。就在这个工厂中，他结识了一位更加年轻的同事——唐纳德·道格拉斯。

1916年，威廉·波音离开了格伦·L.马丁公司，创办波音公司。几年后，唐纳德·道格拉斯也创立了自己的公司。

早期主要飞机制造商创建时间轴

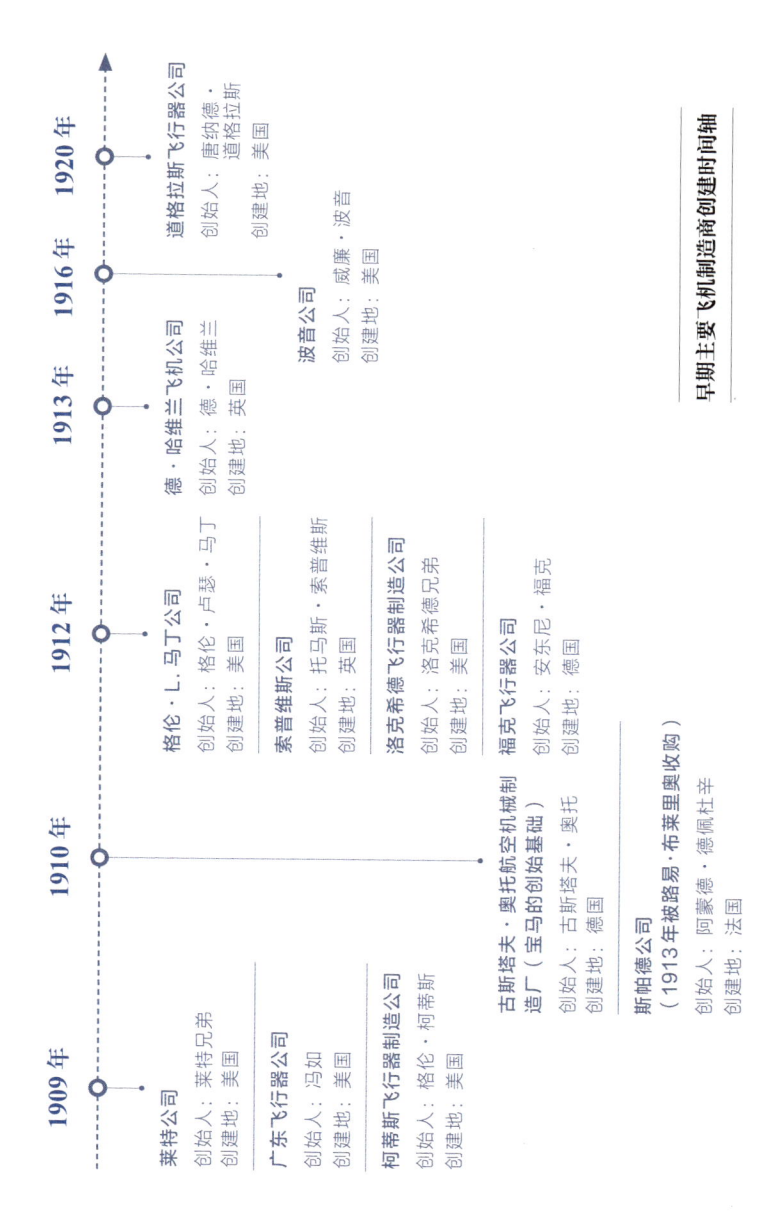

1909 年

莱特公司
创始人：莱特兄弟
创建地：美国

广东飞行器公司
创始人：冯如
创建地：美国

柯蒂斯飞行器制造公司
创始人：格伦·柯蒂斯
创建地：美国

1910 年

古斯塔夫·奥托航空机械制造厂（宝马的创始基础）
创始人：古斯塔夫·奥托
创建地：德国

斯帕德公司（1913 年被路易·布莱里奥收购）
创始人：阿蒙德·德佩杜辛
创建地：法国

1912 年

格伦·L.马丁公司
创始人：格伦·卢瑟·马丁
创建地：美国

索普维斯公司
创始人：托马斯·索普维斯
创建地：英国

洛克希德飞行器制造公司
创始人：洛克希德兄弟
创建地：美国

福克飞行器公司
创始人：安东尼·福克
创建地：德国

1913 年

德·哈维兰飞机公司
创始人：德·哈维兰
创建地：英国

1916 年

波音公司
创始人：威廉·波音
创建地：美国

1920 年

道格拉斯飞行器公司
创始人：唐纳德·道格拉斯
创建地：美国

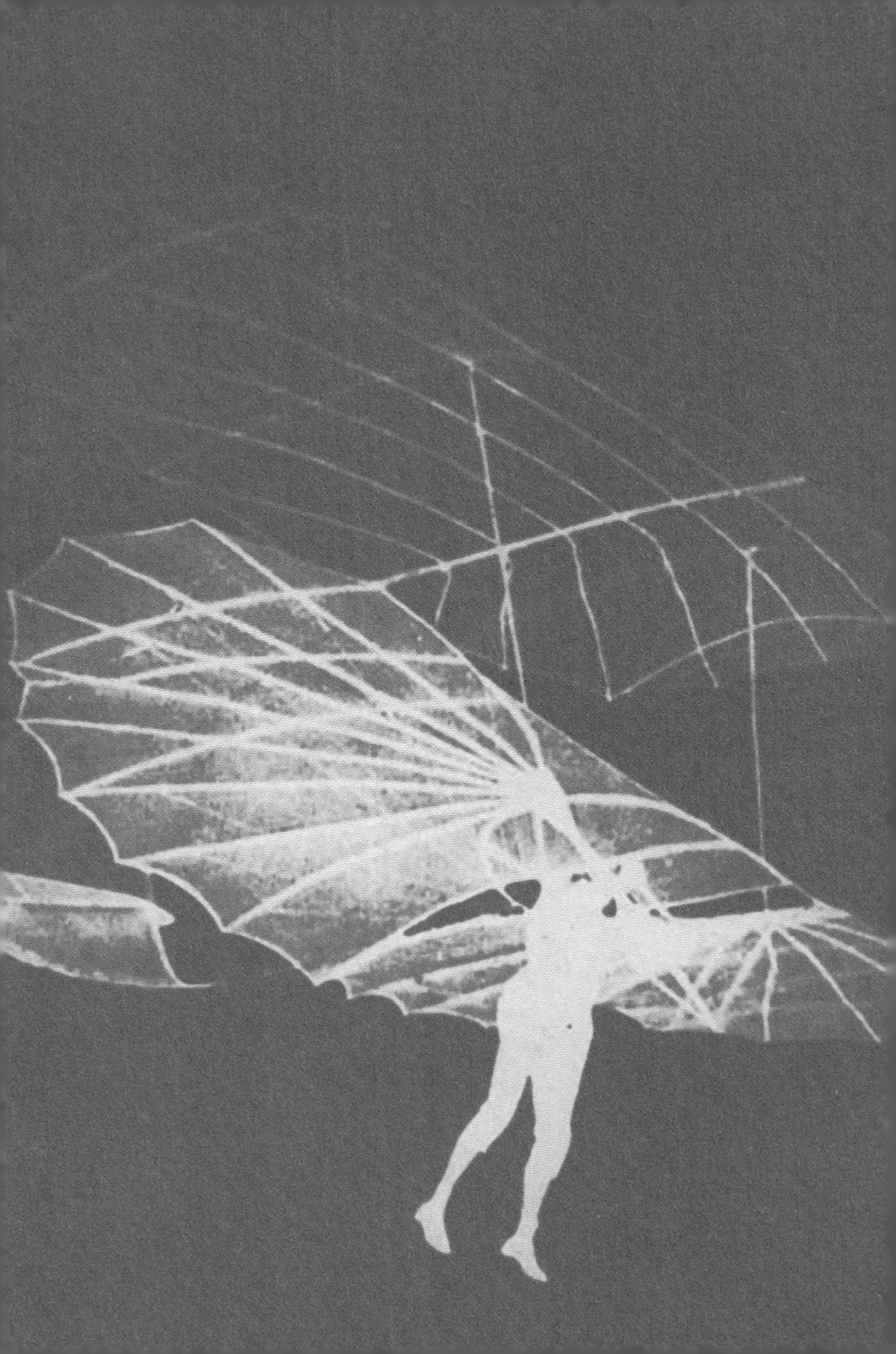

第二部分

商用飞机

梦想、科学和勇气
铺开了人们通向天空的道路
当他们回归地面
试图用飞行器开辟出一个崭新的市场时
却发现
这条路比开辟天路更加艰难

第四章
飞机VS飞艇

20世纪初的天空,飞艇是当之无愧的主角。

1910年6月,德国首次用硬式飞艇开辟了客运航空线。一年后,齐柏林经营的德莱格公司利用飞艇开通了定期航班。1914年7月28日,第一次世界大战(以下简称一战)爆发,飞艇和飞机同时被派往前线,一场围绕飞行速度和高度的天空竞赛拉开帷幕。

战争伊始,军用飞机要求的主要性能是飞行的稳定性,以便为侦察员提供一个平稳的观察平台。而早已投入商业运营的齐伯林飞艇,由于具备强大的运载能力,除侦察和空中预警外,还在德国军方的指挥下,频繁穿越战线执行轰炸任务。

可由于这一时期的飞艇飞行高度很低,只能达到2 000米左右,不断被英法等国的地面炮火击落。

齐柏林飞艇公司立刻做出回应,在1915年春天推出了LZ-38号飞艇。

一架正在各运航空线上执飞的齐柏林硬式飞艇

LZ-38号飞艇将气囊容积由战争初期的25 000立方米，增大到32 000立方米，从而使飞艇的飞行高度由2 000米左右提高到3 000—3 300米，最高可达3 500米；载弹量也同时得到极大提升，达到了2—3吨。它们被不断送往西部和东部战线，轰炸伦敦、巴黎、安特卫普等城市，只有3架被击落。

德军新式齐柏林飞艇带来的威胁，迫使飞艇技术落后的英、法等国将初出茅庐的军用飞机推向空战的最前沿。曾经首次实现飞越地中海的法国飞行员罗朗·加洛斯，把一挺机枪固定在座舱前的机身上，机枪沿航线向前射击，并在螺旋桨上沿子弹飞行方向安装了一些钢楔，使可能会击中螺旋桨叶片的子弹偏转方向，而不损坏螺旋桨本身。

这是世界上第一架使机枪子弹穿过螺旋桨面射击的飞机。同年4月1日的早晨，加洛斯驾驶这架单翼机在空中巡逻时，遇到了一架德国的"信天翁"双座侦察机。他立即射击，将其一举击落。在接下来的两个星期内，又击落了两架。

不幸的是，同年4月19日，加洛斯的飞机被德军防空火力击伤，迫降在德军后方。德国人从这架部分被烧毁的飞机上拆下了机枪装置，并委托荷兰福克飞行器公司加以研究，制造出了一种新型的机枪射击协调器。它依靠螺旋桨本身的机械结构来控制机枪的射击，当桨叶挡住枪管时，保证子弹不会射出。

1915年7月1日，一架装配有新型机枪射击协调器的福克M.5K单翼战斗机，击落了一架法国的莫拉纳飞机。随后，驾驶同一机型的其他飞行员也陆续在空战中取得了胜利。被称为"福克灾难"的空战由此开始。

一面是齐柏林LZ-38号飞艇的轰炸，一面是像虫害一样在西部前线上空蔓延的"福克灾难"，英、法、俄为首的协约国几乎丧失了对天空的防御能力。

1916年2月，英国设计师德·哈维兰设计的DH-2和英国维克斯公司设计的FB.5等新型战斗机紧急列装，终于击破了齐柏林新式飞艇的安全线，也大大削弱了德军新式战机的威胁。

面对战争局势变化的巨大压力，齐柏林飞艇公司迅速将飞艇的飞行高度提升到4 200米以上，同时加强了飞艇上的火力系统，采用更为先进的无线电通信系统，配备无线电罗盘。可他们万万没有想到的是，协约国的地面防空武器和新式飞机很快又将这一安全线击破。

1916年7月，齐伯林飞艇公司顶住压力，研制出一种更为大型的硬式飞艇，将航空飞行的高度拉升至6 000米高空。可协约国的飞机设计师们并不给齐柏林飞艇喘息的时间，很快就将飞机的爬升极限突破达到6 000米以上。

在飞艇与飞机的这轮较量中，尽管彼此的技术都发生了超越常规的跃进，但飞机正以更快的速度，追赶着飞艇。当齐柏林飞艇的升限达到6 500米时，飞机的升限已经达到了8 000米。这时飞艇体积大、操纵性差、易受攻击的缺陷，被无情的战争放大到了极致。

德军彻底放弃了飞艇。

随着时间的不断流逝，战争的激烈程度达到了顶点，飞机技术也发展到了空前的高度。焊接钢管式结构的金属飞机诞生了，载重量要求高的轰炸机诞生了，装备有航空机关炮或多管机枪的格斗飞机也诞生了……

一战结束后，根据协约国与同盟国达成的协议，德国空中力量必须立即解除武装，并且交出大约2 000架军用飞机。其中，有一种军机的型号被特别指明要求"必须全数交出"，这就是福克D.Ⅶ战斗机。

1918年11月，一战宣告结束，由于战争持续不断的要求而给予飞机设计师们的疯狂驱动力就此平息。升限、速度、载重量，操控性、稳定性、续航能力等各方面技术性能都大踏步跃升的飞机，迎来了开创航空运输的第一个黄金期。

1919年1月10日，英国率先迈出一步，派遣皇家空军通信第一中队开通了从伦敦到巴黎的航线，定期空运旅客和邮件。这样的空运一直持续到1919年9月，共飞行749次，其中91%为定期航班，共运输旅客934人，邮袋1 008件。

1919年2月5日，德国陆军航空（汉莎航空的前身）使用通用电力公司研发的AEG双翼飞机，在一条从柏林到魏玛的航线上，开通了世界上第一个每日一次的客运航班，航程192千米，飞行时间2小时。这条航线开通的时间不长，即在当年的8月1日便因燃油短缺而被迫停航。

一个月后的3月22日，法国法尔芒公司将一款战时轰炸机法尔芒F.60"哥利雅"改装为商用飞机，开通了国际航线。

1919年5月1日，英国政府批准了民航飞行。

二十几天后，阿维罗民用航空公司成立，使用阿维罗504和阿维罗536单发双翼机，开始经营英国的第一条国内航线，每日一班。

三个月后的8月25日，英国迎来了自己民用航空运输史上一个重要的日子。一架载有4名乘客的德·哈维兰DH-16飞机和一架载有邮包的德·哈维兰DH-9飞机，分别从英国的亨斯洛机场和法国的布尔歇机场起飞，依次完成2小时25分和2小时10分的持续飞行。

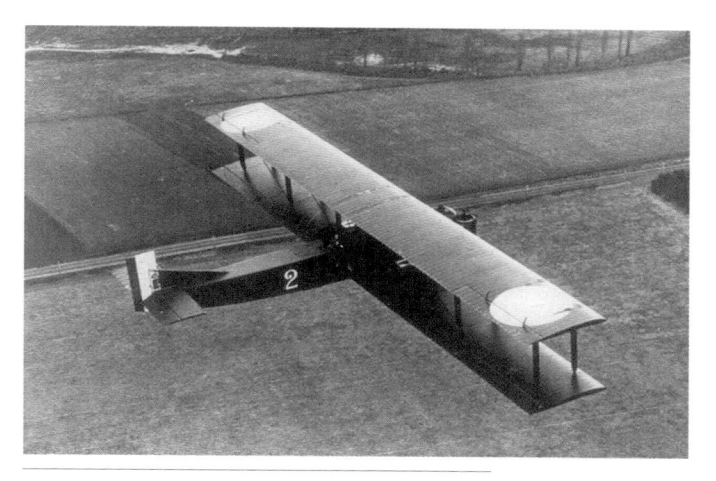

由法尔芒 F.60 "哥利雅" 轰炸机改装的商用飞机

1921年,停在苏黎世本多夫机场的一架法尔芒F.63bis"哥利雅"双发客机

法尔芒F.63bis是F.60的改进型,也是早期远程客机的经典之作。1918年开始设计时,原本打算将"哥利雅"作为一款可载弹1 000千克、航程1 500千米的重型轰炸机。战争结束后,法尔芒公司将其改造后,客舱可搭载12—14名乘客。

1919年，英国德·哈维兰公司研制的商用飞机DH-16试飞，载客4人

同一天，即1919年8月25日，德·哈维兰研发的另一款DH-4双翼飞机，搭载一名乘客和货物，从亨斯洛机场起飞，驶向巴黎。

第二天，早在1916年创建的飞机运输和旅游公司，正式宣布开通伦敦—巴黎的国际商务空运每日航班，分别从亨斯洛机场和布尔歇机场起飞。这是世界上第一个每日一次不间断的国际航班。一周之后，英国的汉德利·佩奇运输公司也使用一架双发商用飞机，开通了伦敦往返巴黎的定期航班。9月底，他们又开通了伦敦往返比利时布鲁塞尔的航线，每周三班，并在飞机上首次配备午餐份饭。次月，英国又一家民用航空公司——S·英斯通公司（英斯通航空的前身）开始营业。

1919年10月7日，荷兰皇家航空公司成立，使用租来的飞机完成了首次商业飞行，尽管运载的仅仅是两名记者和一些报纸。随后，比利时、意大利也相继建立起持续的航空服务。这一时期，欧洲大陆迅速抢占了战后空中服务的先机，纷纷将轰炸机改装成商用飞机，快速占领航空运输市场，欧洲民航网络初步形成，国际航空业务协会（IATA，1944年《芝加哥公约》通过后更名为"国际航空运输协会"）应运而生。而此时的美国将主要精力用于建立航空邮政服务。1918年美国就开通了华盛顿往返纽约、途经费城的邮政航班，并于1920年9月，建成横贯美洲大陆的邮件空运航线。

1921年，当荷兰皇家航空公司依靠本国生产的福克飞机，建立起持续稳定的定期航班服务时，远远落后于欧洲大陆的美国，终于迈出了重要的一步，开始在横贯大陆的整个航线进行昼夜试飞，并在1922—1923年开发出一套高强度信标系统，建立起有灯标设备的航线。

这就像汽车有了路灯的指引，飞行员们不用再担忧黑夜降临，昼夜都能沿着横贯大陆的航线飞行。不久后，定期夜航开启。

1925年、1926年，《美国航空邮件法案》和《美国商业航空法案》相继出台，授权商务部对航空业进行管制，管制内容包括认证机组资质、取证飞机、建立航线，并且运行维护相关的航行设施。为此商务部专门设立了航空局来执行。自此，社会力量涌入，商业航空的大门正式开启，私营航空公司开始崭露头角，与邮局签订合同，开通邮政航班，并开启了载运旅客的尝试。这些早期的商业邮政空运机构，逐渐成长为联合航空公司、环球航空公司、西方航空公司等至今仍旧如雷贯耳的航空巨头。

在不到10年的时间里，伴随航空公司的兴起，早期商用飞机以不可思议的速度，快速吞食了飞艇曾经引以为傲的航空运输市场。赫赫有名的齐柏林飞艇在这场残酷的竞争中连连失守，最终只剩下大西洋两岸的空中走廊。

1937年5月6日，"兴登堡"号飞艇在美国新泽西州赫斯特湖上空准备系泊停留时，突然起火爆炸。不到一分钟，这架名噪一时的"空中巨鲸"变成一堆废墟，酿成了36人遇难的惨剧。

"兴登堡"号的失事，给飞艇的发展带来了致命的打击。至此，飞艇时代彻底结束。

"兴登堡"号飞艇飞临纽约帝国大厦

在"兴登堡"号惨祸发生前,飞艇承载了人们对远程飞行所有奢侈的浪漫幻想。美国曾打算在纽约一些高层建筑顶部建造锚泊塔,越洋飞行抵达这里的齐柏林飞艇,可以直接锚泊在高楼顶端,乘客们可以从飞艇前端离艇,经由铁塔上的电梯直接进入建筑内的豪华酒店。1931年4月落成的帝国大厦,顶端就设计有60米高,能够锚泊大型飞艇的锚泊塔。

泛美航空位于佛罗里达州迈阿密的一座水上机场

美国早期的航空服务，不管是邮递还是客运，都是使用水上飞机、浮空飞机或飞艇。当时的主要竞争对手是相对缓慢的轮船，即使飞机的时速还不足150千米，也能轻松地与之竞争。直到1925年，美国第一条陆路客运航线才开始运营。

中国航空公司的宣传册封面照

1929年4月,中美联合组建中国航空公司,共拥有大小飞机56架,经营上海—南京、汉口—重庆、天津—北平、汕头—广州、上海—汉口等邮政/客运航线,次年又相继开通上海—北平、宜昌—重庆航班。图中用英文醒目地标注着主打广告语——从上海到汉口只需7个小时。

第五章
第一代商用飞机横空出世

在廉价机票广告漫天飞的今天，人们很难想象20世纪20—30年代，飞行是一件多么昂贵的事情。从纽约到加利福尼亚的机票，大约300美元，这在20世纪30年代足以购买一辆汽车。机票如此昂贵，乘飞机出行却没有宣传的那么舒适。

在20世纪20年代的航空广告上，每个人都很开心，面带笑容，吃得很好。但这并非事实，至少不是全部事实。那时的大多数客机，是木质结构的，座舱都是长方形的，舷窗在机身两侧，像古老的绿皮火车一样可以随时拉开；座位也只有两列，行李架只有一个，舱壁上一般有一幅地图，座椅下有一个呕吐盆。

坐在这样的飞机里，很难让人和舒适联系在一起，噪声大、漏风、飞得很慢，而且发动机尾气、汽油以及废弃物都会进入座舱；飞行高度也仅有1 500米左右，空气流动不稳定，每遇天气不好就会非常颠簸。

1925 年，乘客在客舱里看大片

这是一架德国容克公司 G.24 客机，简陋的客舱、简陋的藤椅，一切都不比马车豪华，唯一的不同是这个板条箱一样的东西能飞上天。尽管没有座舱等级之分，但那时能够坐进飞机客舱的人，不是政府官员就是社会名流。如此精英荟萃的客舱，没有上档次的消遣娱乐方式怎么行？于是航空公司把电影放映机搬上了飞机。

1928年投入使用的波音80型客机

这是美国第一架专为提供定期民航服务而设计的客机。

因而，尽管航空旅行变得越来越流行，航空公司开通的航线也越来越多，但乘飞机旅行的人仍然不多，新开的客运航线平均寿命只有一年左右。

到1931年时，大约每年只有50万人乘坐飞机。人们担心它的舒适度，但最大的担忧还是安全性。也就在这一年，灾难降临了。

1931年3月31日，一架由环球航空公司执飞，从美国堪萨斯城飞往洛杉矶的福克10客机顺利起航。在万里晴空之中，灾难毫无征兆地发生了。飞机突然解体并坠毁，机上满载的8名乘客与机组人员无一生还。在遇难人员的名单中，一位备受瞩目的美式橄榄球传奇教练努特·洛克尼的名字赫然在目。

恐怖的灾难加上名人的效应,让这条消息瞬间席卷各大报纸的头版头条,给刚刚起步的航空蒙上了一层厚厚的阴影。这次坠机让以福克10为代表的木结构飞机逐渐被抛弃。

福克10客机

这是由荷兰福克飞机公司研制的一架三发客机,属于福克明星飞机系列之一。残骸分析发现,是福克10客机的木质机翼出了问题。它的机翼结构由木制层板胶合而成,随着飞行次数的增多和时间的累积,空气中的水汽逐渐渗入层板内部,缓慢而又不可避免地削弱层板中黏合胶的牢固程度,导致机翼结构牢固度严重下降。最终在那次飞行中,一根翼梁彻底失效断裂,机翼随即发生强烈震颤,最终从机身上完全脱落,导致飞机上所有人遇难。

1933年2月8日，波音公司一架全灰色的波音247原型机，在西雅图进行了首次试飞。它是一款全金属单翼飞机，机身由铝合金制造，主起落架可以收放自如，动力装置采用了突破性的双发动机设计并带有整流罩，还配备一套自动驾驶仪，帮助飞行员自动控制飞机的高度。所以它比当时广泛应用的福特三引擎飞机快了50%，而耗能却减少了1/5。稳定、高效并且更加舒适的飞行体验，让波音247成为所有航空公司追逐的对象。

波音247

首架波音247于1933年3月投入使用。当这款飞机被用于横跨美国大陆的航线时，飞行时间由原来的27小时减少到20小时以内。不过波音247也有缺点，其翼梁横穿客舱而过，造成不便；在海拔较高、气候炎热的机场使用时，它的定距螺旋桨会影响飞机的起飞性能。为了解决这一问题，波音公司随后又推出了改进型247D，并对原产247也进行了同样的改进。

波音247宣传画

当波音247还处于模型阶段时，野心勃勃的联合航空公司就已经预定了59架，彻底买断了波音公司未来两年的产能。急于翻身的环球航空公司的老板杰克·弗赖伊不想坐以待毙，他给美国几乎所有的飞机制造商同时发出了邀请函，希望有人能设计一架比波音247更好的飞机。在一封封信件石沉大海之时，威廉·波音的一位老朋友站了出来，回应了这一挑战。这个人就是曾在格伦·L.马丁公司和威廉·波音一起共事的唐纳德·道格拉斯。

唐纳德·道格拉斯出生在纽约一个普通职员家庭，在父亲的悉心培养下，自幼就对船舶和海洋有着浓厚的兴趣，之后还考入了海军军官学校。然而在1912年，学业优异的唐纳德断然选择退学。因为那一年，在亲眼见证了莱特兄弟的飞行表演后，他突然发现，同样蔚蓝的天空比大海更让人着迷。

8年后，28岁的唐纳德创办了自己的飞行器制造公司。为了制造出自己心目中最纯粹的飞机，1921年，他将其他股东的股份全部收购，且正式将公司更名为"道格拉斯公司"，并开发出了"海豚"水陆两栖飞机。

"海豚"飞掠外白渡桥

图为 1934 年 10 月，中国航空公司从美国购买的道格拉斯"海豚"水上飞机在上海上空试飞，背景中的白色大楼为百老汇大厦，大楼前方即为著名的外白渡桥。

"海豚"总共只售出了58架，尽管没有取得商业上的成功，可它的研发却给道格拉斯公司带来了一个意外的收获。在探索全金属机身的过程中，道格拉斯旗下的工程师开发出了一种全新的金属加工方法。

1932年，在设计新飞机时，唐纳德毫不犹豫地打出了这张王牌——全铝多翼盒机翼结构。

这种技术的运用，可以在减少机翼重量的同时，增强其坚固度，能大幅提升飞行效率和安全性能。正因为有这张底牌在手，唐纳德才敢接下挑战波音的悬赏任务。不过，他接下弗赖伊发出的这项挑战任务，不仅是为了赢得竞争，更重要的是希望能够创造出一款引领时代的飞机。然而那时，道格拉斯公司还只是众多美国飞机制造商中极为普通的一员。对于唐纳德是否真的能够完成这次挑战，环球公司并没有太大的信心。毕竟，他们想要的可不是波音247的仿制品，而是更大、更好的新机型。

唐纳德发现，波音247在当时唯一的不足就是航程较短，便决定以此作为突破点。但想超越波音247并不容易，他决定用最优秀的团队负责此项任务，其中就包括他的得意门生——亚瑟·雷蒙德。

唐纳德给雷蒙德7天的时间来完成设计，设计的预期要求很高，新飞机的航程要增加25%，达到可直飞1 600千米并可搭载12名乘客的目标，比波音247多搭载2名乘客。这也许是唐纳德·道格拉斯一生中最大的一次冒险。如果雷蒙德的设计成功了，将会改变公司的命运；如果失败，公司将会面临破产。

1932年8月，雷蒙德将新飞机DC-1的设计方案交给了环球航空。

风洞实验中，他们发现将机翼后掠能够带来重心的改变，可以让飞行更加平稳。但道格拉斯团队还要努力克服的问题是，如何让身形巨大、马力强劲的飞机在降落时迅速减速。为此，他们在业内率先提出了襟翼解决方案。当飞机在降落时放下襟翼，就可以帮助飞机更快减速，而在起飞时放下襟翼，又可以大幅提高飞机升力，使飞机可以用较慢的速度、在较短的跑道起飞。后来，这一设计成为现代飞机设计的重要特征。今天在人们出行乘坐的大多数商用飞机上，都可以看到这个关键的细节。

1933年6月23日，DC-1从加利福尼亚圣莫尼卡组装工厂下线，这距离弗赖伊广下"英雄帖"仅仅过去了10个月。

1934年2月，交付环球航空运营的道格拉斯DC-1

DC-1的设计布局与波音247相似，但性能有所提升，更重要的是，其翼梁经地板下穿过，对客舱毫无影响，而波音247的翼梁却是从地板上穿过的。

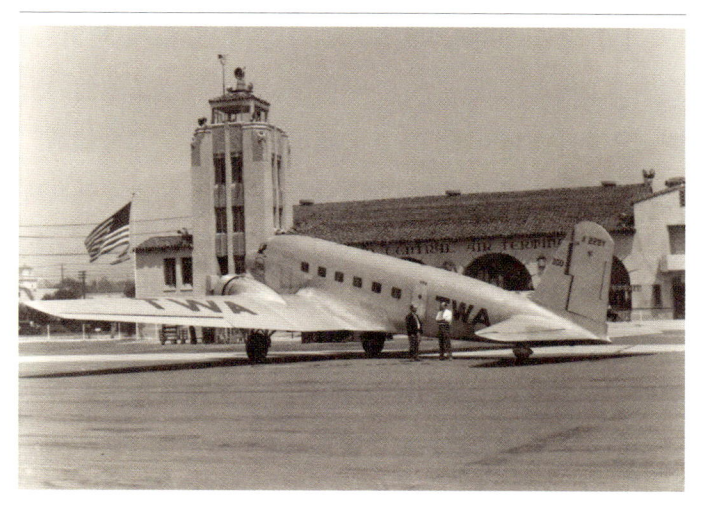

这款全金属、双发动机的单翼飞机，整合了当时先进的整流罩和发动机舱，并加装了隔音装置和暖气系统。从1933年7月1日开始，DC-1进行了为期6个月的试飞，各项指标均达到要求。

DC-1性能虽好，但只得到20架飞机的订单，道格拉斯公司随即决定对其进行重大改进。1934年5月11日，加长型DC-2闪亮登场。这款拥有14座的客机，比DC-1更快、更平稳，马力更强，载客量更大，航程更远，途中加油停靠次数更少。环球航空也马上兑现了他们的采购承诺，并用这款飞机大幅刷新了跨越美国的飞行纪录。

1935年，唐纳德接到美国航空老板的电话，对方要定制一批带卧铺的DC-2，把14张座椅换成10张床。唐纳德心底虽不认同这一需求，但还是没能抵住总价值79万美元的订单诱惑。

唐纳德明白，通常对飞机做扩展设计都是将机身延长，但安装可以睡觉的床就需要将机身变宽。

早期飞机的机身都是方形设计，导致空间受限，到了20世纪30年代机身才稍微圆润些。而雷蒙德和他的团队更加超前，他们想出的解决方案是建造世界上最大的圆体机身。圆柱体形状不仅在空气动力上有优势，而且非常坚固，整个结构受力均匀。

从那以后，所有的商用飞机全部都遵循了雷蒙德开创的圆体机身设计。道格拉斯公司又一次取得成功，他们制造了世界上最大且最省燃料的现代飞机，虽然名为DC-2改进版，实际却是一款全新的飞机。

正如唐纳德最初担心的那样，卧铺飞机并不能吸引市场。除了美国航空的订单，一架也卖不出去。于是，老辣的唐纳德决定将床铺全部换成座椅，这样就可以多搭载50%的乘客。他非常清楚，这对任何一家客运航空公司来说，都将是极大的诱惑。于是，DC-3诞生了。

制造一架DC-3需要6 000名工人，使用50万颗铆钉，但它只比DC-2多耗油3%，却能搭载28名乘客飞行2 000千米以上，还能使乘客的飞行体验更加安全、更加舒适。凡此种种的优越性能，使DC-3成为世界上第一架可以让航空公司盈利的商用飞机，使航空客运业务不需补贴就能独立发展，更让民用航空在全球范围内确立起自己的地位和声誉。

在DC-3问世6年后，美国的民航客运量增长了近6倍。到1939年，道格拉斯卖出了800架DC-3，这一年美国的民航客运量达到300万人次（1949年达到400万人次，当时美国总人口数为1.3亿，人均每年0.03次，相当于每100人中就有3人乘坐飞机），且人们出行乘坐的飞机超过80%是DC-2或DC-3。

在历史上留下巨大印记的 DC-3

DC-3 非常坚固、耐用,直至今天仍然可以看到它们飞行的身影。在二战开始前,道格拉斯卖出了 800 架 DC-3;二战结束前,已经有成千上万架 DC-3 在天空中飞行。

DC-3 提供了更为舒适的客舱环境

DC-3主宰了一个时代，道格拉斯也在现代商用飞机加长、加宽的演进中，成为新一代的天空霸主。

在一战到第二次世界大战（以下简称二战）这段不稳定的时期，商用飞机第一次得到了长足的发展。

然而，1938年以前，民用客机最多只能飞到10 000英尺①。如果再高，乘客就会因为气压变低、氧气供应不足而引发危险。对飞机制造商来说，如果能让飞机在20 000英尺高度巡航，飞机就能在更低的空气阻力中获得更快的飞行速度。

为此，波音公司率先研制出一种带有增压客舱的飞机——波音307"同温层巡航机"。

1938年12月31日，波音307迎来它的首飞，并在两年后投入横穿美国的航线运营。它载着33名乘客飞上6 000米高空，却让客舱始终保持在海拔2 000米左右的压力水平上，而飞行速度达到每小时320千米。

如此一来，横穿美国就只需要13小时40分钟，比道格拉斯DC-3快了2个小时。

与波音公司的选择不同，在飞行速度的追求上，英国的德·哈维兰公司给出了另外的答案。设计师阿瑟·海格

---

① 1英尺=0.304 8米。

对飞机进行了锱铢必较的气动优化修形,想方设法减小飞机的迎风面积,最终设计出一款史上最漂亮的四发螺旋桨客机——DH.91"信天翁"。

由于二战爆发,"信天翁"只造了7架,其中2架为邮政型、5架为客运型。在木结构被抛弃的时代,"信天翁"却在这款运输机上采用了层板/轻木三明治硬壳结构机身。这一结构设计缺陷和可靠性问题,导致"信天翁"在运营中有4架先后发生坠机事故,所幸无人死亡。

世界上第一种带增压客舱的商用飞机——波音307

波音307增压客舱内部环境

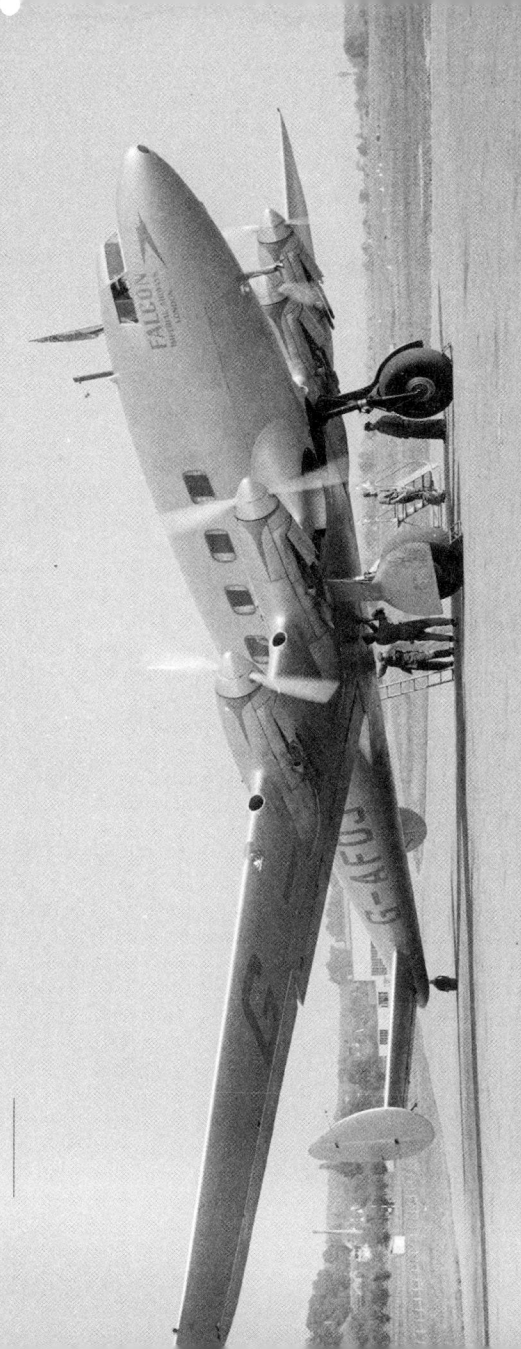

"信天翁"

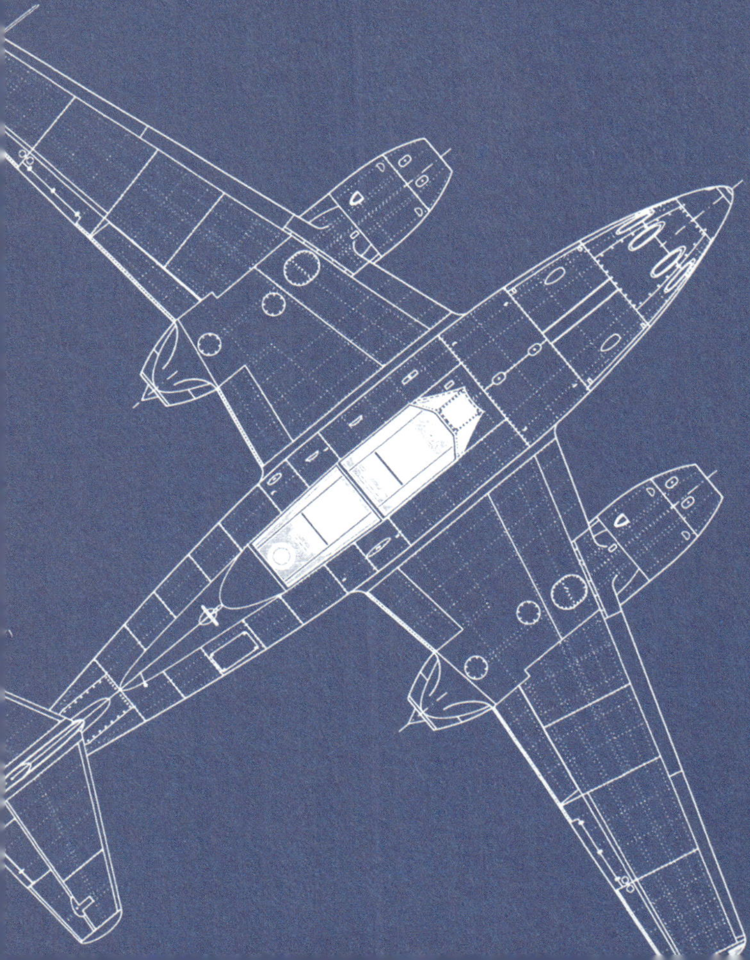

第三部分

3

喷气时代

自飞机诞生以来
螺旋桨就成为其不可或缺的重要组件
以至于当有人提出设计一种没有螺旋桨的飞机时
全世界都觉得十分荒诞
然而正是如此天方夜谭的设想
揭开了航空发展史上最为重要的篇章

第六章
喷气式飞机从战火中走来

在 20 世纪初期,无论军用飞机还是商用飞机,都是由活塞式发动机驱动螺旋桨实现飞行的。

久而久之,人们潜意识中将活塞式发动机和螺旋桨视为不可替代的航行法则。以至于有人提出用涡轮发动机产生的喷气来推动飞机前进时,几乎所有人都认为,这简直是天方夜谭。

在二战中,成百上千架飞机在空中鏖战早已司空见惯。然而,一支同盟国空军 B-17 大型轰炸机编队在空中遭遇的"不速之客",却让久经沙场的飞行员们大惊失色。一种没有螺旋桨的新式战机,以远超他们想象的高速,带着雷鸣般的尖啸,冲入盟军机群。

这是纳粹德国研制成功的 Me.163 喷气式战斗机在实战中的第一次亮相。

受限于 Me.163 的留空时间,同盟国空军轰炸机编队在这次战斗中,并未遭受实质性损失。但紧接着,纳粹德国便将另一种同样没有螺旋桨的新式战机 Me.262 遣入战场,并给盟军带来难以估量的威胁。

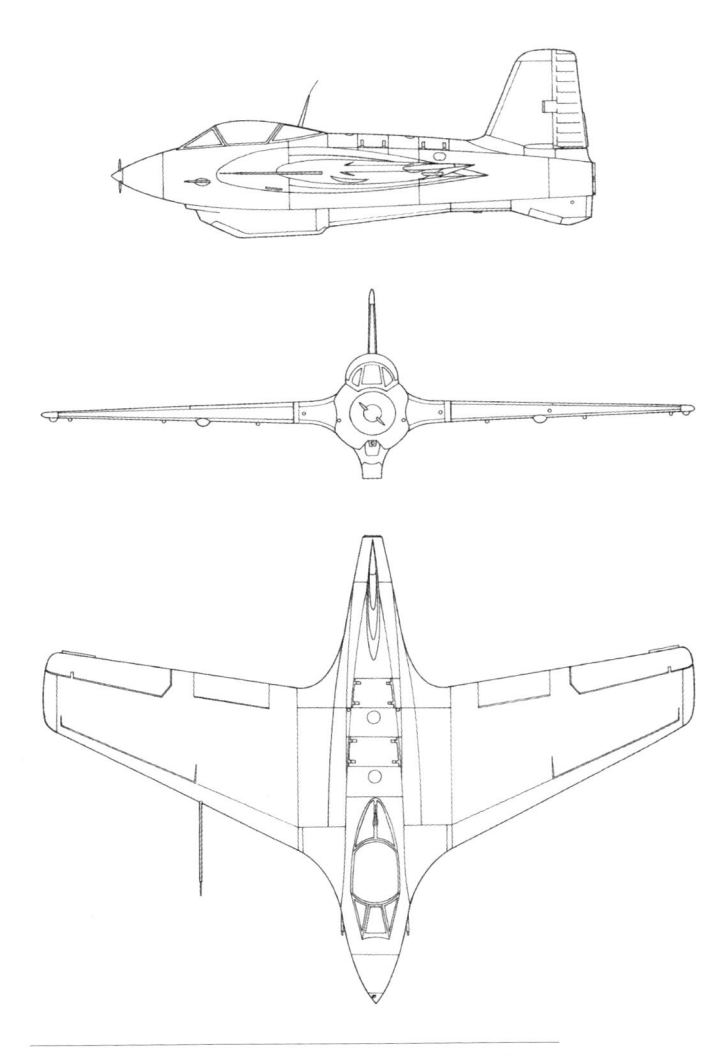

最早在实战中亮相的喷气式战斗机——Me.163 三视图

在 1944 年 9 月的一次空战中，6 架 Me.262 在 6 分钟内击落盟军 15 架 B-17 大型轰炸机；1945 年 3 月 18 日，Me.262 机群更是在一天之内，击落盟军轰炸机 21 架、战斗机 5 架。

凭借最高可达 870 千米的飞行时速，Me.262 一度帮助纳粹德国重新夺回了二战的制空权。

从 1944 年 9 月到 1945 年 5 月，纳粹德国以损失 200 架 Me.262 的代价，击落各种飞机 613 架，向世人展示了喷气发动机的不同凡响。

在创新的道路上，从来没有捷径，涡轮喷气发动机的成功研制也概莫能外。巧合的是，它几乎同时在英国和德国问世。只不过，最先研制出涡轮喷气发动机的，并不是最早在二战中投入喷气式战斗机的德国人，而是英国年仅 30 岁的青年军官弗兰克·惠特尔。

惠特尔出生于 1907 年，少年时正值一战爆发，早早便看到第一代战斗机和轰炸机的身影。惠特尔由此产生了浓厚的兴趣，并在 1923 年以见习生的身份加入英国皇家空军。在 1926 年 9 月，他如愿成为一名飞行学员。

正是这一宝贵的机会，让惠特尔在接受飞行训练的同时，学习到了内容广泛的理论知识。很快，惠特尔就认识到驱动飞机螺旋桨的活塞发动机在高速飞行时，存在无法克服的缺陷：活塞发动机本身所能吸入的空气量非常有限，随着飞机爬升高度的提升，空气密度随之减小，发动机工作的效率也随之被削弱。

此外，螺旋桨本身也存在局限性。

毕业时，他写出了一篇新型涡轮喷气推进原理的论文，阐述抛弃活塞发动机和螺旋桨，用涡轮发动机产生的喷气来推动飞机前进。

这种发动机工作时会先吸入空气，然后将其加热，最后再通过喷管将热气以惊人的高速排出，其反作用力就可以推动飞机前进。

但是，大多数人无法理解惠特尔这一设想的现实意义，更有甚者大肆嘲讽，认为让没有螺旋桨的飞机起飞，简直是天方夜谭。惠特尔也因此被冠以"业余科学家"的头衔，毕业后被分配到中央飞行学校担任训练教官。

幸运的是，时任中央飞行学校的校长不仅认定惠特尔关于喷气动力的设想是合理的，而且还在空军部组织召开了一场会议，专门评定惠特尔的整体建议。

不幸的是，与会者几乎都认为这一设想犹如登陆月球，是那么的不切实际。

惠特尔感到非常无奈，遍寻制造的厂商，均被拒。他只能在工作之余，设计出一台燃气涡轮发动机的原理样机，并于1930年1月提交了专利申请，然后继续在皇家空军服役，以便维系家庭生活。惠特尔收入微薄，家庭负担很重。专利到期时，他甚至没有多余的钱缴纳延长期限所需的25美元。

1934年，惠特尔被派往剑桥大学进修机械工程，并以优异的成绩获得剑桥大学一等荣誉奖。就在他入学第二年，专利所涉的发明一事突然有了转机。

在一位克伦威尔皇家空军学院的校友安排下，一家由银行家们组成的商行愿意资助喷气发动机的试制，并专门成立了一间研制新型发动机的公司——动力喷气有限公司，惠特尔担任总工程师。

当年6月，惠特尔的设计工作正式启动。由于一切都得从零开始，他计划逐一完成发动机零部件的研制，全部检验合格后，再一次性完成组装。但这样一来，时间和资金都面临极大的挑战。

为此，剑桥大学出面说服空军，同意惠特尔留校攻读研究生，让他有较为充裕的时间；同时，在朋友们的帮助下，新的投资也及时得到落实。

1937年4月12日，惠特尔终于制造出第一台喷气发动机的试验机——WU，并在试车中成功运转，宣告了世界上第一台涡轮喷气发动机的诞生。惠特尔和团队里每个人都感到异常兴奋，但当他信心十足地将 WU 型发动机转速增加到 2 500 转 / 分时，试验机的轰鸣声突然变为刺耳的尖啸。接着，他将燃料阀关闭，试验机持续空转几秒后，严重损坏。

经过一整年的努力，惠特尔修改了设计，在 1938 年 4 月制造出第二台试验机。但当转速达到 13 000 转 / 分时，改进后的第二台试验机还是散了架。

惠特尔和他的第一台喷气发动机试验机——WU

这时，长期在轰鸣和尖啸中持续工作，已使惠特尔产生了严重的头痛、失眠、消化不良。但真正让他精神崩溃的不是头痛，而是发动机无法持续高速运转，大部分合伙人已经没了耐心，不予合作。

面对残破的机体，惠特尔没有钱再造一个新的。他已负债 4 800 美元，无奈之下，只能修复再用。

同年 10 月，他再次对设计做了重大修改，终于让发动机在 17 750 转 / 分的转速下持续运转，推力更是达到了 5.3 千牛。这次了不起的成功，终于让惠特尔拿到了英国空军部订购一台改进型发动机的合同。

1940 年 7 月，纳粹德国对英国发起规模巨大的空战——不列颠战役，两个月后又开始对伦敦实施战略轰炸。惠特尔十分焦急，继续坚持工作，终于在 1941 年 5 月实现预定的设计目标，并随即开始飞行测试。

1941 年 5 月 13 日的黄昏时分，一架装有惠特尔 W1 型发动机的格洛斯特 E.28/39 单座技术验证机，在一阵响彻天际的轰鸣中从克伦威尔首次起飞，大获成功。英国第一架喷气式飞机就此问世。

从惠特尔注册发动机专利算起，这一天，他整整等待了 11 年，也整整煎熬了 11 年。而在德国，由奥海因设计的涡轮喷气发动机，早在一年多以前（1939 年）就已经升入空中。

奥海因出生于1911年,比惠特尔小4岁。1933年,有一次坐飞机,他觉得活塞发动机的震动和噪声很大,与飞机优美的气动外形实在不相称,于是开始考虑发明一种产生喷射气流的动力装置来驱动飞机,这样就可以解决活塞发动机和螺旋桨带来的烦恼。

那时,他正在哥廷根大学攻读物理学博士学位,其间还在德国一所航空科研中心师从力学家路德维希·普朗特。

很快,奥海因便写成一篇论文,公开向人们描述了喷气推进的原理与可行性。在他看来,这种喷气推进发动机的结构应该尽可能简单,而且重量一定要轻,因此他决定在设计中采用离心式压气机和涡轮,并开始不停地计算、绘图,终于在1935年完成了第一批设计图纸,次年便申请了专利。

相比之下,惠特尔早在1930年就走完了这一步。真正困难的是将设计图纸变成实物,制造出一台实际的涡轮喷气发动机。

奥海因想起了一个人——机械师马克思·哈恩。

马克思·哈恩在一家汽车修理厂工作,奥海因的跑车常在那里进行保养和维修。在哈恩的帮助下,奥海因利用汽车工厂的设备,制造出第一台喷气发动机的原型机。随后他找到自己的博士生导师玻尔教授，想在哥廷根大学进行原型机的试车工作。

玻尔教授那时担任物理系主任，他不仅同意奥海因的想法，而且非常期待。然而，奥海因在学校进行第一次试车就宣告失败了。这让他有些沮丧，他知道问题出在燃烧室上，可又无法制造出理想的燃烧室。原型机上配置的燃烧室比实际需要的燃烧室大了足足20倍，而要消除这20倍的差距，只有使用专业的航空生产设备才有可能实现。

1936年2月，玻尔教授为奥海因写了一封推荐信，让他去找声名赫赫的军用飞机制造商恩斯特·亨克尔。同年5月，二人见了面，相谈甚欢，随后便开始了共同的探索。

奥海因带着哈恩和亨克尔公司的几名工程师，组成一个新的团队，任务是验证涡轮喷气发动机的功能，然后研制一个能上天的涡轮喷气发动机。经过一系列改进设计，他们决定重新制造一台涡轮喷气发动机，采用外部加压的氢气作为燃料进行后续的验证工作。

1937年3月，发动机制造完成，试车时虽然能够运转，但由于氢气燃烧后排出的气体温度太高，发动机燃烧室的薄铁片几乎被烧穿了。同年9月，更换上新的燃烧室后，发动机首次使用汽油作为燃料，并在试车中成功运转。这一结果仅比惠特尔的WU型发动机晚了5个月。随后，亨克尔将这台喷气发动机命名为 HeS-1。

不过 HeS-1 还算不上真正实用的喷气发动机。因此，奥海因带领团队改进 HeS-1 的同时，也开始了实用型喷气发动机 HeS-3 的设计。

HeS-1 涡轮喷气发动机试验机

在喷气发动机的研制上，尽管奥海因和惠特尔几乎同时进行，但仅从外观也能看出二者的基本结构存在巨大差异。曾有人说，这不仅是设计思路上的差异，而且反映了设计条件的优劣，既包括生产设施，又包括研发预算。

与 HeS-1 相比，HeS-3 除零部件采用精密加工以外，最大的不同是重新设计了燃烧室，以期提高涡轮的工作效率。但在 1938 年 3 月对 HeS-3 进行试车时，奥海因却发现，新设计的燃烧室布局存在缺陷，导致燃烧不充分，必须进行改进。于是在 HeS-3b 的设计上，奥海因将其燃烧室布置在离心式压气机外围，使气流经过压气机后，往前回流，进入燃烧室，经过燃烧后的高温高压气流再进入涡轮膨胀做功，从而产生推力。

这种类似"折叠"的设计，使发动机整体看上去非常紧凑，尽管重量足有 360 千克，但其直径却被压缩至 1 米以内，长也不足 1 米，因而成了现代涡轮发动机的雏形。

1939 年 7 月的一个清晨，HeS-3b 喷气发动机迎来它的第一次飞行验证。亨克尔公司为其准备的验证机是 He-118 俯冲轰炸机。为保险起见，试飞员驾驶 He-118 在起飞和着陆中都只使用原本的活塞式发动机，只在空中飞行阶段启用 HeS-3b 喷气发动机进行试验。

He-118 起飞后，一切都很顺利，只是最后 HeS-3b 的涡轮叶片被烧毁了。测试结果显示，HeS-3b 涡轮喷气发动机的最大推力为 4.4 千牛，比惠特尔同期研制的 W1 喷气发动机要低。

为了加紧测试，新的 HeS-3b 很快便被制造出来，此时正好He.178喷气式验证机的机体也已经制造完成。亨克尔和奥海因随即决定直接将这台新的涡轮喷气发动机装在He.178上，以进行充分的飞行试验。

第一阶段，He.178只在地面进行高速滑行试验。经各项测试均达标后，亨克尔公司和奥海因启动了第二阶段的试验：升空。

1939年8月27日清晨，在罗斯托克一座军用机场上，He.178喷气式验证机在HeS-3b涡轮喷气发动机的驱动下顺利升空，完成了世界上第一架喷气式飞机的首次飞行，也开启了喷气时代的大门。

He.178喷气式验证机的成功试飞，引起了德国航空部极大的兴趣。在德国航空部的资助下，亨克尔公司研制出世界上第一架喷气式战斗机——He.280战斗机。

1942年7月，容克斯公司也终于完成了尤莫004喷气发动机的研制，并装在梅塞施密特的Me.262喷气式歼击机的原型机上，进行了首次飞行，并取得成功。

Me.262成了继亨克尔公司He.178和He.280，以及英国格洛斯特E.28/39之后，世界航空史上第4种试飞成功的喷气式飞机。

到1945年战争结束时，Me.262喷气式歼击机和轰炸机已经生产了1 400多架，远超其他所有喷气式飞机的总和。

这一年，持续关注着喷气式飞机发展，却迟迟无法完全自主研制喷气发动机的美国，展开了"回形针行动"，捷足先登"劫持"了奥海因，后将其送到美国一处空军基地工作。

直到1965年，奥海因才在纽约第一次见到惠特尔。二人一见如故，成了惺惺相惜的好友。

第七章
"彗星"闪耀

二战结束以后,从秩序到经济,整个世界都开始重建。1944 年,《芝加哥公约》签订,全球航空工业的格局也随之发生了翻天覆地的变化,商用飞机更是经历了活塞式、涡桨式、喷气式三代同堂的特殊时期。作为 20 世纪 30 年代最成功的机型,道格拉斯 DC-3 直至战后很长一段时期,依然是世界上使用最广泛的商用飞机。而后,在以 DC-3 为代表的活塞式客机队伍中,又出现了两款颇为成功的机型——道格拉斯 DC-4 和洛克希德"星座"。正是它们的存在,使得美国在二战前后的商用飞机领域独占鳌头。

1942 年 12 月,二战陷入胶着状态,一切都在为战争服务。一天,刚刚担任飞机生产大臣不久的斯塔福德·克里普斯爵士,受到了英国首相温斯顿·丘吉尔的召见。出乎意料的是,丘吉尔询问的并不是战机研制状况,而是英国运输机与客机的发展水平。

克里普斯爵士无奈地承认,英国所有的优质航空资源已全部投入战斗机和轰炸机的研发、生产之中,尤其是在与美国达成一项"美国集中力量开发运输机,英国主要研制重型轰炸机"的飞机生产分工协议以后，英国运输机与客机发展完全停滞。因此，战争结束以后，英国将缺乏设计、装配和制造新型运输机的经验，而且缺乏相关的专业人才储备。

这让丘吉尔意识到，必须开始把一些精力投入民用航空领域，重新制造承担民用航空运输的飞机。于是，他想到了一个人——约翰·摩尔-布拉巴宗勋爵。

1943年2月，在取得丘吉尔的任命后，布拉巴宗组建了一个由众多英国航空专家组成的布拉巴宗委员会，直属英国飞机生产部，负责调查战后英国民用客机市场的需求，谋划英国民用航空的未来。在布拉巴宗邀请的专家名单中，一位与他颇有渊源的飞机设计师的名字赫然在列，这就是德·哈维兰。

布拉巴宗与德·哈维兰的人生轨迹极其相似。同样是在1908年受到威尔伯·莱特在欧洲各国飞行表演的鼓舞，两个20出头的年轻人义无反顾，开始追逐飞行之梦。不同的是，布拉巴宗选择前往法国，跟随布莱里奥早期的合伙人瓦赞学习飞行驾驶，德·哈维兰则选择向祖父融资，走上了自主设计、研制飞机的道路。

后来，布拉巴宗成了第一个飞上蓝天的英国人，也成了英国皇家空军的第一位飞行员。巧合的是，他驾驶的正是德·哈维兰设计的第一款飞机。

这是他们彼此人生道路上的第一次交集。

白驹过隙,1943年2月,当两位老友再次重逢,均已两鬓斑白。时年59岁的布拉巴宗已经成为英国最著名的英雄飞行员。而时年61岁的德·哈维兰,则成了英国最著名的发动机与飞机设计师之一。

在他们此前共同谱写的故事中,最辉煌的事迹莫过于布拉巴宗带领英国空军,驾驶德·哈维兰设计的飞机,在一战中立下赫赫战功。但这一次,他们的使命不再是战争,而是和平与发展。

"在全球化浪潮中,一个国家的航空工业应该足够强大,并具备持续占有未来市场的能力。否则它就将失去未来。"1943年3月, 在提交给下议院的《布拉巴宗报告》中,布拉巴宗委员会言辞坚定地要求英国政府必须重视商用飞机的发展,并且提出了一个野心勃勃的宏伟蓝图,希望在英国同时开展有关9种商用飞机的项目,其中包括将4款军用飞机进行民用改造和独立设计5种覆盖各个航程的新型商用飞机,后者也被称为"5种设计"。

这是第一次有国家意识到"商用飞机是国家战略性产业"。无数个体的梦想,终于转变为国家使命。这份庞大的计划,让英国乃至欧洲的航空工业受益至今。

正所谓"英雄所见略同",布拉巴宗和德·哈维兰都认为,由于战争期间美国集中力量进行轰炸机和运输机的研制与生产,在战后和平年代的远程商用飞机竞争中,美国必将处于领先地位。英国唯一的机会就是采取完全不同于从前那种按部就班的做法,通过实现大的跳跃,获得持续若干年的领先地位。可如何才能实现大的跳跃呢?

1943年9月,DH.100"吸血鬼"喷气式战斗机的首飞成功给了德·哈维兰巨大的信心,他希望能将喷气发动机应用到商用飞机上。因此,他给出的答案是喷气式商用飞机。令人遗憾的是,布拉巴宗委员会以商业逻辑不成立为由,全盘否定了德·哈维兰的建议。他们中的大多数人都认为,尽管惠特尔和奥海因已经成功研制出了喷气发动机,并且已经升入空中证明了它的威力和潜在价值。可它的油耗太高,只适宜在战机领域使用,无法引入商用市场。

因而,他们不认为喷气式是一个值得投入太多精力的领域。更何况当时在英国下议院批准的方案中,两款最被寄予厚望的飞机已经脱颖而出。一款是对标民航霸主DC-3,正面挑战美国商用飞机制造商的"子爵"号涡桨式客机;另一款是以布拉巴宗勋爵本人名字命名的"布拉巴宗"号客机。后者,更是得到了下议院前所未有的高度支持,预算上不封顶。

正在总装的"子爵"号涡桨式客机

1948年7月16日,由维克斯公司承担研制的"子爵"号客机首次试飞。这是中大型商用飞机中第一架涡桨式客机。问世以来,它共有4种改型,最大可载71人,时速达到571千米,航程2 051千米,在市场上取得了成功,累计生产444架。

"布拉巴宗"号客机是整个计划中最能凸显布拉巴宗勋爵野心的一款飞机,同时也寄托着振兴英国工业的希望。设计时,它被定义为一款空前巨大的空中巨无霸:空载重70吨;满载重140吨;翼展230英尺;机身高50英尺;引擎共有2万马力;体形是道格拉斯DC-3的近3倍,载客将高达75人。

事实上,只要愿意,他们随时可以将载客量翻上一倍,因为飞机内拥有大量空间,设置有豪华的卧铺舱和酒吧,甚至还有散步场所和许多专门用于观景的矩形大窗户。几乎所有人都相信,它就是振兴英国工业的希望,将成为20世纪航空工业的骄傲。

而执拗的德·哈维兰凭借委员会成员的身份,多方游说,最终在飞机生产部的支持下,接下了《布拉巴宗报告》提及的"5种设计"中最不被看好的项目——研发一款中短程喷气式邮航飞机。

1945年2月,在小儿子杰弗里和自己最欣赏的设计师罗纳德·毕晓普的帮助下,德·哈维兰完成了新型客机DH.106的细节设计,并大胆应用了大角度后掠翼无尾布局。当时,人们对这种设计的气动知识了解甚少,只知道后掠翼能推迟压缩效应的产生,从而提高飞机的飞行速度。

因此，在1945年夏天对Me.262喷气式歼击机的制造商——梅塞施密特公司的审问中，英国政府邀请了德·哈维兰公司参与。

德·哈维兰借此机会，与梅塞施密特公司的总设计师瓦尔德玛·福格特会面，获得了大量关于德国在后掠翼无尾布局研究方面的宝贵信息，从而帮助他在短短几个月内就完成了新机翼的设计。

英国著名飞机设计师、飞行员、航空工业企业家——杰弗里·德·哈维兰

但同时，福格特也明确警告，后掠翼无尾飞机存在严重问题，对震动非常敏感，并会出现不可控俯仰变化，这些问题在高速飞行时尤为突出。

德·哈维兰并没有因此止步，因为他所追求的是一款超越时代的商用飞机。

于是就在那个夏天，他向航空部展示了新设计的后掠翼无尾客机方案，同时提出制造2架试验机，用以验证新方案的气动特性，尤其是在万米以上高空的飞行表现。很快，他的要求获得批准，被航空部正式编号DH.108，制造数量为2架。

与此同时，对DH.108的风洞测试也已经展开，只是结论不免令人担忧。风洞测试结果显示，DH.108在低速飞行时容易发生"荷兰滚"现象，类似滑冰时人的摇摆姿势，接着便会发生连续的自动旋转运动，一面旋转一面急剧下降，俗称"尾旋"。而DH.108的设计没有用于增强飞行稳定性的尾翼，导致飞机很难从尾旋中改出，无法回到正常的飞行状态。

这表明，福格特的警告并非危言耸听。

德·哈维兰陷入两难。1946年初，在按原计划推进DH.108原型机制造的同时，他决定放弃DH.106的后掠翼无尾布局，使其回归带传统尾翼和方向舵的常规布局上。只不过那时，他几乎将全部精力都集中在DH.108上。

同年4月28日，第一架DH.108的原型机下线，测试随即展开。试飞员由德·哈维兰的小儿子——小杰弗里担任，他此前曾成功完成DH.100"吸血鬼"喷气式战斗机的首次试飞。

1946年5月15日，小杰弗里驾驶第一架DH.108的原型机一飞冲天，整整飞行了30分钟，展现出优异的性能。世界上第一款后掠翼无尾翼喷气式飞机由此诞生。

为了加快制造进度，DH.108原型机使用DH.100"吸血鬼"喷气式飞机的机身进行改造。在取消"吸血鬼"的双尾撑构造后，机尾上方加装了垂直安定面，飞机的俯仰和滚转控制则由机翼后缘襟翼外侧的升降舵负责。

然而，在随后几周的多项试飞中，先前风洞测试的结果被证实了。尽管设计师们紧接着进行了一系列改进，并取得了出人意料的好转，但对德·哈维兰来说，将这种后掠翼无尾布局用在喷气式客机上的决心，已经开始动摇。

1946年8月，改进后的第二架DH.108原型机下线并成功首飞，次月又在一次非正式飞行中，打破了每小时991千米绝对速度的世界纪录。这极大地鼓舞了德·哈维兰。为了证明自己的选择是对的，也为了提高公司的声望，他决定正式向这个纪录发起挑战。

当月27日，小杰弗里按计划在泰晤士河口进行挑战前的最后一次练习。一天前他已经驾驶第二架DH.108的原型机飞出了每小时1 025千米的平飞速度，正式打破世界纪录只是时间问题。

经过一系列准备，小杰弗里驾机起飞，计划利用小角度俯冲，不断提高飞行速度。然而，就在接近音速前的一刹那，飞机毫无征兆突然解体，小杰弗里当场殒命。

晴天霹雳。一年前（1945年），德·哈维兰的大儿子约翰已在"蚊"式战斗机的试飞中不幸遇难。德·哈维兰在短短两年间，失去两个儿子。他的夫人因伤心过度，三年后也告别了人世。

德·哈维兰陷入了人生的至暗时刻，布拉巴宗勋爵的荣耀却步入了巅峰。制造商已经在布里斯托尔附近盖起了一座崭新的巨型机库，用来装配"布拉巴宗"号客机的原型机。

1949年9月4日，第一架"布拉巴宗"号客机的原型机在菲尔顿机场成功首飞。

这个庞然大物一经亮相，便让整个世界为它巨大的外形尺寸感到震惊，英国媒体更是惊呼"它是空中的女王"。其内部设施有卧铺，有餐厅，还有酒吧、影院和散步走廊等休闲娱乐场所。

对"布拉巴宗"号这样富丽堂皇的飞机而言，首飞成功带给世人的惊喜，远没有它的庞大与奢华所带给世人的冲击来得强烈。因而首飞仅仅过了4天，布里斯托尔公司甚至还没来得及进行更多项目的测试，它就被匆忙运往范堡罗航展进行展出，引来无数参观者的赞美，也勾起了许多航空公司的兴趣，但却未能获得一架飞机的订单。

恰在这时，蛰伏了整整三年的德·哈维兰在英国政府的支持下重新焕发生机。

布里斯托尔167型"布拉巴宗"号客机

布里斯托尔公司承担研制的"布拉巴宗"号，由8台"半人马座"星形发动机驱动4副螺旋桨，最大速度每小时480千米，巡航速度每小时400千米，航程8 900千米，使用升限7 600米。

与人们想象中"就此沉沦"的景象不同，孤独的德·哈维兰没有停下脚步。在小杰弗里不幸遇难后，仅仅过了两周，他就回到工厂开始工作。他彻底放弃了失速及螺旋性能不佳的DH.108，将其永久封存，重新启用带传统尾翼和方向舵的DH.106方案，继续前进。

1947年，DH.106被正式定名"彗星"号。英国航空部与英国海外航空公司、英国南美洲航空公司先后达成协议，由政府出资，安排这些航空公司率先订购14架。同时，政府还从国防预算中拨付250万英镑，用于研制"彗星"号所需的离心式涡轮喷气发动机——"幽灵"。

1949年4月，一架与时代"格格不入"的新飞机被推出德·哈维兰公司的厂房，秘密进行发动机试车。它看上去像是从未来穿越而至，机身是铝制的，像镜子一样闪闪发光；机翼修长，略向后倾斜；没有螺旋桨，机身下面装了4台离心式"幽灵"涡喷发动机；客舱安装有36个座位，客舱两边还装配有矩形的大窗户，特意留给乘客欣赏外面风景，因为它将会飞到前所未有的12 000米高度，首次带领人类进入平流层，鸟瞰大地的同时不必受到对流层风雪雷电的困扰。

这就是倾注了德·哈维兰半生心血的第一架"彗星"号喷气式客机——"彗星"1型。

世界上第一款投入运营的喷气式客机——"彗星"号

在1949年的范堡罗航空展上,这架由英国德·哈维兰公司所制的DH.106"彗星"号喷气式客机,极大地改变了人们对于传统螺旋桨客机的固有印象。

DH.106 自 1944 年到 1947 年设计的演进

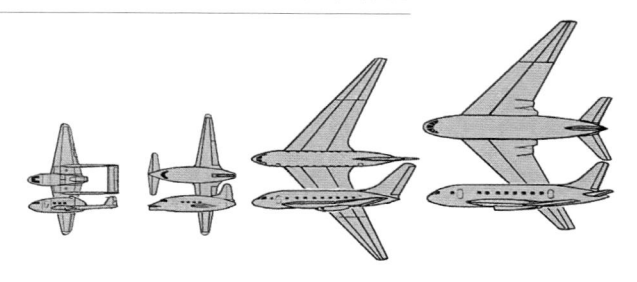

DH.106 "彗星"号喷气式客机三视图

通过"彗星"号的三视图,可以清楚地看到,"彗星"号吸收了活塞式客机的布局经验,将 4 台喷气发动机安装在翼根,以保持机翼、机身和尾翼空气动力部件的整洁。

令人遗憾的是，德·哈维兰的妻子和两个儿子再也看不到这一幕了。而德·哈维兰也一改此前的习惯，直到7月27日，才允许媒体进入公司的哈菲尔德机场参观。随后，"彗星"1型进行了滑跑试验。傍晚时分，媒体陆续离开机场，"彗星"1型这才开始进行首次试飞，飞行持续了31分钟。

德·哈维兰"彗星"1A喷气式客机

刚开始"彗星"1型全部采用头等舱布局，只能搭乘36名旅客。应航空公司的要求，飞机的座位数由36个增加到44个，这就是"彗星"1A。而加长版的"彗星"3型载客量更是达到78人。

首批交付英国海外航空公司运营的"彗星"1型喷气式客机

10月25日,"彗星"1型又完成了从英国到利比亚的往返飞行,平均速度达到每小时721千米。这样的速度在当时是其他任何在役的民航客机都远不能达到的。德·哈维兰弱化宣传的策略再也无法掩盖"彗星"闪耀的光芒。在随后一年的试飞中,它飞过了世界上许许多多的大城市,创造了一系列飞行纪录,也逐渐建立起了自己的号召力。

于是,除此前英国政府航空部支持订购的14架飞机订单外,加拿大太平洋航空公司、法国空海联合运输公司和法国航空公司又订购了8架"彗星"1型。

这8架"彗星"1型订单对刚刚问世的"彗星"号喷气式客机来说,有着非同一般的意义。这是来自政府之外真正属于市场且是海外市场的订单。

1951年1月9日,为英国海外航空公司生产的第一架"彗星"号喷气式客机——"彗星"1型出厂,经过一年的试飞,于1952年5月2日正式投入商业运营,执飞伦敦—约翰内斯堡航线。

由于"彗星"1型装配的是增压座舱,使得旅客可以从12 000米的高空平稳舒适、心旷神怡地鸟瞰蓝天白云下的瑰丽大地,各界人士纷纷预订机票,就连皇室成员也想尝试乘坐喷气式客机。

不过,"彗星"1型原本是为中短程运输开发的,而伦敦—约翰内斯堡航线较长,因此飞机从伦敦起飞两小时后,依次经停意大利罗马、黎巴嫩贝鲁特、苏丹喀土穆、乌干达恩德培以及赞比亚利文斯敦,最后才抵达南非约翰内斯堡,全程10 821千米,总飞行时间(包括中间经停的时间在内)为23小时34分,极大地缩短了空中旅行的时间。

1952年5月,英国海外航空公司的9架"彗星"1型喷气式客机也相继投入航线运营。

当时,人们长途旅行仍以远洋轮船为主,坐飞机是社会名流才能享有的。事实上,当时英国海外航空公司航班上的许多乘客都是英国政府派往海外管理殖民地的总督、军官等地方大员,而他们有着巨大的社会影响力。

因此,这架全世界唯一的喷气式客机商业飞行成功后,立即成为世人追捧的对象。"彗星"号客机的机组人员也以此为傲,还自豪地为飞机起了个绰号——"喷气雷鸟"。

很快,英国各大航空公司的"彗星"号客机迅速增加,并开通了许多新的航线,可以从伦敦飞往全世界很多地方。

与此同时,作为"彗星"号客机的制造商,德·哈维兰工厂也获得了前所未有的大量订单，加拿大太平洋公司、法国航空公司、加拿大皇家空军纷纷订购。其中最为关键，也最令英国政府高兴的一张订单，来自美国的泛美航空。

正是这张 1952 年 10 月的订单，第一次让美国的飞机制造商感受到了来自大洋彼岸的威胁。但也正是这张订单，最终促使战后徘徊不前的波音公司下定决心，重新闯入民用市场。

"彗星"号一路高歌猛进，"布拉巴宗"号却在花费了高达 3 400 万英镑的研制费用后，仍然没能吸引一家公司购买。就在泛美航空向德·哈维兰公司开出 3 架"彗星"号的订单的同一个月，曾让全世界震惊的"布拉巴宗"号飞机就以 1 万英镑的价钱，卖给了废铁回收商。

至此，人们真正清晰地看到了商业飞机的形态，以及它所承载的使命与未来。

喷气时代的大幕已经徐徐拉开，一场改变航空工业，同时改变人类生活方式的变革即将降临。

第八章
喷气浪潮

二战结束后,世界盼来了久违的和平,但依托军事订单的航空工业,却迎来了刺骨的寒冬。随着战争结束,军用市场几乎在一夜之间消失了。世界各国军方订单的断崖式下跌,导致飞机制造商陆续破产。在世界对商用飞机未来的发展方向摇摆不定时,"彗星"号开始引领着一些国家在喷气式的道路上狂飙突进。

随着战争结束,世界各国军事订单的断崖式下跌,让一度依托军事订单的航空工业遭受沉重的打击,一家家飞机制造商陆续破产,即便是柯蒂斯·莱特公司也在劫难逃。

这家继承着柯蒂斯、莱特兄弟等美国航空先驱的血脉与精神的公司,曾经辉煌无比。在二战中,它是最大的军事承包商之一,其间一共生产了142 840台航空发动机、146 468副螺旋桨,以及29 269架飞机。巅峰时期,曾一度雇用18万名工人,坐拥数亿美元的军事订单。

随着军用飞机市场容量锐减,柯蒂斯·莱特公司感受到了巨大的压力。各国的飞机制造商穿越战火硝烟之后,终于发现:市场,远比战场更加残酷。

柯蒂斯·莱特公司最终转向制造飞机部件和其他设备。

与柯蒂斯·莱特公司一样，自1945年起，依靠军用订单发展壮大的波音公司和道格拉斯公司，也双双走到了破产边缘。到1947年时，两家公司在上年度的销售额均不足1945年的3%。仅一年之内，波音裁员7万人，道格拉斯裁员10万人。

背着照相机的"轰炸机"

在法国某地上空，两架由轰炸机改装的专用航空摄影飞机，正在为法国国家地理局"打工"，开展航空摄影任务。

乌云，笼罩在飞机制造业的上空，想要活下去，只有一条路可走——推出适应民用航空市场的商用飞机。可问题是，是否要研发喷气式客机？当时的波音正是站在这样的岔路口上，举棋不定。

关乎波音公司生死的抉择，落在了时任总裁威廉·艾伦身上。他并非没有长远的目光，早在战时他就有研制一种军民两用四发远程喷气式飞机的想法，并且相信这款飞机在民用市场将有极大的潜力。

令他犯难的是，商用飞机与军用飞机的研发不同，后者是先有资金，然后研发，而前者却需要公司先行投入资金进行研发，然后才有机会获得航空公司的订单。可产品研发通常要花费几年的时间，其间得不到任何回报。即便是产品研发出来，如果得不到市场的认可，前功尽弃也是常有的事。因而，研发喷气式飞机无疑是赌上公司的命运。艾伦不敢仓促决定，一拖就是7年。

1950年，范堡罗航展，"彗星"号喷气式客机闪亮登场，众多欧美飞机制造公司的高层纷纷赶来，一睹"彗星"号的风采，其中就有威廉·艾伦。

喷气式推进，平流层飞行，36人以上的载客量、2倍于活塞式客机的巡航速度，作为一款划时代的飞机，"彗星"号的出现，对波音和道格拉斯形成了巨大的商业挑战。

1952年5月2日，艾伦注意到它正式投入商业运营，但这仍然没有迫使他下定决心，他还需要继续观望。直到当年10月，美国民航运输巨头泛美航空与德·哈维兰公司签订了一份"彗星"号客机的采购协议。

本土商用飞机市场宣告沦陷，艾伦如鲠在喉，幡然醒悟——喷气式商用飞机的时代正在到来。于是，他决定赌上公司的命运，拿出他们自二战以来赚取的所有利润，以确保波音公司在商用喷气式飞机领域拥有未来。这是波音公司在民用市场第一次孤注一掷的"赌博"。

当年，波音公司正式展开新的喷气式飞机研发计划。为了不引起竞争对手的注意，艾伦故意给这款划时代的飞机取了一个低调的代号——367-80，仿佛这只是波音367螺旋桨货机的衍生型号。而它的启动客户，正是道格拉斯公司的老客户——美国航空公司。

消息终究不胫而走，极大地刺激了道格拉斯，迫使他不得不加速研发一款名为DC-8的喷气式客机。

然而，就在喷气式商用飞机方兴未艾之时，"彗星"号喷气式客机却接连发生空难事故。从1952年10月到1954年4月的18个月里，在给4家航空公司交付的17架"彗星"1型和"彗星"1A型喷气式客机中，就有6架相继发生事故。

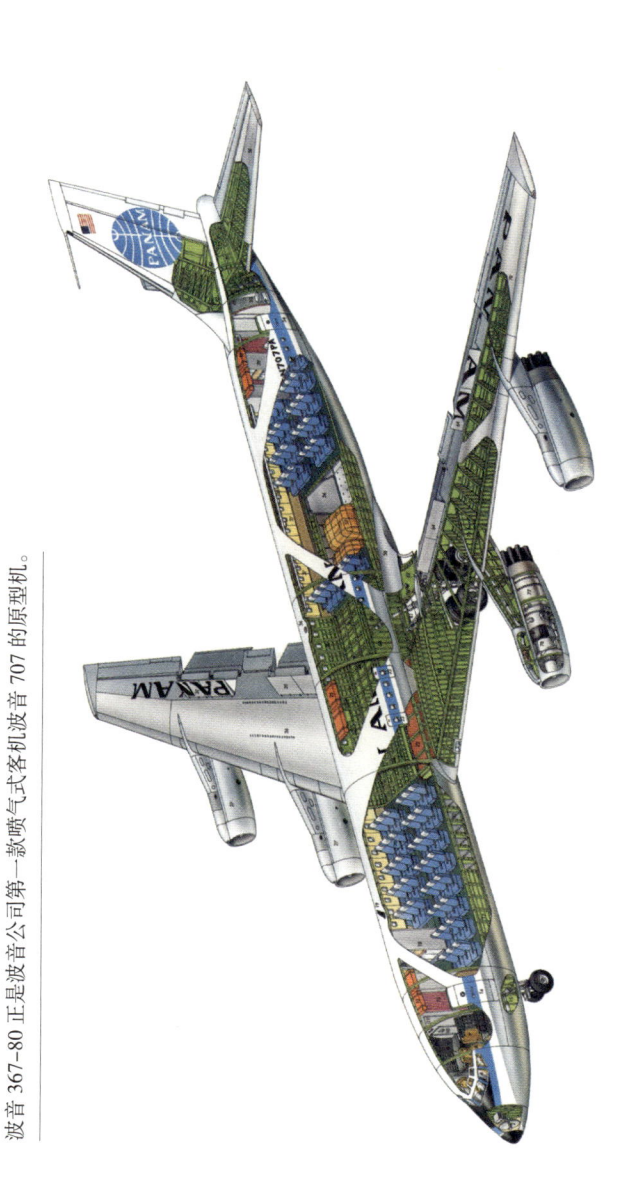

波音367-80的设计概念图

波音367-80正是波音公司第一款喷气式客机波音707的原型机。

其中，第一起事故发生于1953年3月3日，起因是飞行员起飞时把机头抬得过高，导致飞机失速坠毁，机上11人全部遇难。这也是世界上第一起喷气式客机的空难。

仅仅2个月后，一架"彗星"1型从印度加尔各答起飞，爬升至2 000米高度时，突遇强大气流，飞机剧烈颠簸，机组竭力使飞机向上爬升，而后在空中解体，43名机组人员和旅客全部丧生。

次年1月10日，英国海外航空公司运营的一架"彗星"1型在意大利厄尔巴岛上空解体；三个月后，又一架"彗星"号坠入意大利那不勒斯湾，机上21人罹难。

至此，所有服役的"彗星"号喷气式客机全部停飞。

作为"彗星"号最坚定的后盾，英国政府一直将航空产业视为振兴战后工业体系的关键。面对舆论的压力，内阁不但全力支持事故调查，甚至超前预购"彗星"号下一代机型，为德·哈维兰走出阴霾，提供强有力的支持。失败没有动摇英国人重返天空的决心。

英国政府投入大量资金，为德·哈维兰公司制造了事故调查所需的各种设备，以期彻底查清事故起因，使这样的悲剧不再发生。

调查组历时2年，最终查明，由于客舱反复加压与减压，一些机身上应力集中的点因为金属疲劳出现开裂，最终导致"彗星"号客机高空解体。

"金属疲劳",一个全新的词汇就此诞生,一门崭新的学科——疲劳力学也应运而生。超越时代的设计,让"彗星"号成为殉道者。如今,疲劳测试已经成为全世界商用飞机设计研发中必备的环节之一。

英国政府为事故调查修建的一个压力罐

调查组把机身放在压力罐里。然后给压力罐充满水,再给里面的水加压,从而获得一个飞行循环周期。当飞机从地面起飞时没有增压。当它上升到 12 000 米高空时,加压后,每平方米就会承受约 6 吨的压力。如此循环往复,随着飞机在空中不断上升、下降,机身结构慢慢就会产生问题。这种问题在测试中首先发生在"彗星"客机的矩形窗户上,并且都是从矩形窗户的角落处被撕开,不会从中间断开,一直都是从角落裂开。

此时的苏联也酝酿着新的重大计划。

1955年,刚参加完二战后第一次首脑会议的赫鲁晓夫,召集各大飞机设计局负责人,就制造大飞机的问题展开研究。

传奇设计师安德烈·图波列夫也在受邀之列。他胸有成竹地向赫鲁晓夫提出方案,在自己设计的图–16喷气式轰炸机的基础上,直接改造客机。

实际上,图波列夫设计局先行一步,早在1953年就开始了改造图–16的工作。

尽管先人一步的图波列夫信心十足,但同行的伊留申设计局和安东诺夫设计局也都拿出了新的设计方案。图波列夫展现出高超的游说技巧:"如果我们抓住机会,就有可能比西方国家更早造出更先进的喷气式客机。"

这句话彻底说服了赫鲁晓夫。

一方面,喷气式客机已经问世,涡轮螺旋桨飞机的时代正在成为历史。另一方面,"彗星"号因为事故在1954年停飞,天空中已经没有运营的喷气式客机,而下一款喷气式客机,必定象征着巨大的荣誉。

一个月后,即1955年6月,由图–16改装的图–104喷气式客机顺利完成首次试飞。

"两位明星"到荷兰

1960年6月9日,苏联莫斯科大剧院芭蕾舞团搭乘图-104喷气式客机抵达荷兰阿姆斯特丹。这是苏联这个久负盛名的芭蕾舞团第一次来到荷兰演出,受到了公众的热烈欢迎。除了莫斯科大剧院芭蕾舞团,搭载艺术家们成行的图-104喷气式客机正是当时苏联航空工业的另一位"明星"。

次年（1956年），图-104喷气式客机正式投入航线运营，成为继"彗星"号之后，全世界第二款投入运营的喷气式客机。并且直到1958年10月，它都是商业航空界仅有的喷气式客机。

图-104首飞当年，大洋彼岸，西雅图郊外，华盛顿湖畔，波音367-80原型机进行了第一次公开飞行表演。20万名现场观众成为见证者，其中就包括心怀忐忑的威廉·艾伦。

波音367-80原型机已经出厂一年，却始终没有给波音公司带来订单，而这场飞行表演的目的就是推广波音367-80。为此，艾伦特地派出公司著名的试飞员德克斯·约翰斯顿。

按计划，约翰斯顿将驾驶这架飞机从波音场地起飞，飞过观看赛艇比赛的人群，然后再返回波音场地。

可是，等表演开始后，伴随着引擎的轰鸣，波音367-80完成了短距离滑跑并大仰角离地，约翰斯顿一时兴起，竟然在2 300米的高空表演了一个特技飞行动作——横滚360度！

这一疯狂的举动完全不在计划之列，它给波音公司带来了惊吓，却给观众和客户带来了惊喜。波音367-80瞬间席卷全美所有新闻报道的头条，为即将投入市场的波音

707打了最好的广告。就在波音公司苦尽甘来的时候,老对手道格拉斯公司也推出了他们的新机型DC-8。

凭着过往成功的民航销售经验,道格拉斯公司在设计DC-8的机身时,直径比波音707宽4英寸[①]。

道格拉斯公司坚信,这4英寸,将成为决定胜负的关键。它可以使DC-8有6个并排座位,比波音707多出1个。但微小的改变对泛美航空公司的总裁胡安·特里普来说,还远远不够。他一直在期待一架载客量更大、航程更远、运营成本更低的飞机。

这也是泛美航空公司一直追求的目标。

从飞机制造到商业运营,航空公司是商用飞机产业链上对接市场的唯一触点,他们对市场的需求有着更精准的判断,对市场的变化也有着更敏锐的嗅觉。

显然,特里普对当时的波音707和DC-8都不满意。他开始为自己的下一步谋篇布局。一切都发生在一天之内,他先是预定了26架DC-8,让道格拉斯什么都不要说。然后第二天他就宣布了这个消息。

当他宣布这一消息时,强烈的危机感让波音公司意识到他们必须有一架更大的飞机。

---

① 1英寸=2.54厘米。

波音707喷气式客机

道格拉斯DC-8喷气式客机

进入20世纪60年代以后,由于产品质量和资金链问题,道格拉斯与麦克唐纳合并,改名为麦克唐纳·道格拉斯飞机公司。随着民用航空市场的竞争日益激烈,麦克唐纳·道格拉斯飞机公司最终被波音兼并。

因为道格拉斯公司将会有一架更大的飞机。

改变意味着成本骤增,而拒绝改变注定会被市场淘汰。在残酷的市场面前,波音公司做出了一个重大决定:立即着手对707进行重大技术改进。

一方面,波音公司接受客户的意见,加宽了客舱,使其机身比DC-8宽出1英寸,这样他们就可以并排安置6个座位,还能使空间变得更大。

另一方面,波音公司还以性能优势吸引客户,进行洲际远程型客机的设计,于是可载181名旅客的波音707-120型喷气式客机,以及可载189名旅客的波音707-320型喷气式客机诞生了。

在最初几年,泛美航空公司同时拥有道格拉斯DC-8和波音707两种客机。到了后来,泛美航空卖掉了DC-8,变成全波音机队。

1958年,波音707-320型四发喷气式客机试飞成功。

一年后(1959年),泛美航空用波音707-320型四发喷气式客机首次完成从纽约不着陆直飞伦敦,开始了定期越洋远程航线飞行。这也成为世界上第一条环球航线。

两年后,交付使用的波音707-320客机轻松突破两位数。707系列飞机的总产量后来更是超过1 000架。

从表面看,波音和道格拉斯的输赢只在方寸之间。实际上，决定飞机制造商生死、左右机型命运的因素云谲波诡。

市场，这只无形的手，在背后发威。

二战结束后的十几年，对于商用飞机的发展来说，崎岖而短暂。一路跋涉后，商战的幸存者回望过去，仍旧心有余悸，一身冷汗。

在市场的擘画下，以图-104、波音 707 和 DC-8 为代表的第一代喷气式客机终于在商用飞机市场站稳了脚跟，并逐步取代活塞式客机成为干线飞机的主力。

自此，航空运输发生了深刻的变革。

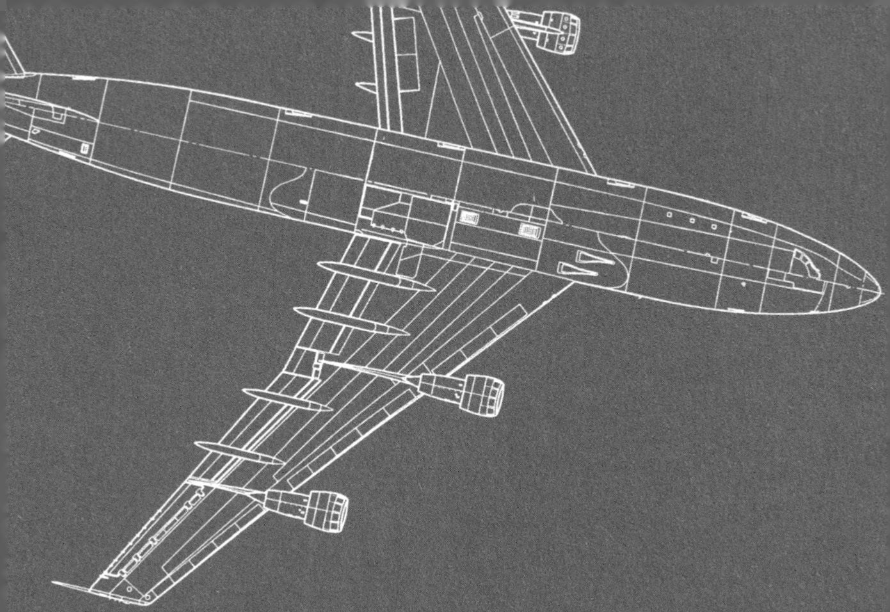

第四部分

谁是王者

为了不让自家的停机坪上
永远停满波音707和道格拉斯DC-8
英国和法国终于迈出了久违、艰难
但却更为现实的一步——联手反击
超声速
这条具有颠覆性创新的道路
成了他们重新夺回市场的第一希望

第九章
超声速风暴

从20世纪50年代起,以波音707和道格拉斯DC-8为代表的喷气式客机,在世界民用航空市场取得了巨大成功,随之而来的是全世界对商用飞机未来的无限遐想。但这种遐想不外乎两个方向:更快或是更大。站在历史的节点上,没人能断言未来的商用飞机究竟会怎样发展。但在查克·耶格尔实现第一次破音障飞行,带领人类跨入超声速时代后的10年里,亚声速客机和超声速战斗机都已经取得成功。这让大部分人坚信,商用飞机的未来是追求超声速,甚至更快的速度。毕竟,无可比拟的速度优势,才是早期商用飞机能够在众多现代交通工具的竞争中脱颖而出的立身之本。

这也正是欧洲大陆当时的选择。

20世纪五六十年代,"彗星"陨落,"快帆"失利,无论法国还是英国,在单独闯荡世界航空的征途上,都没有到达胜利的终点。欧洲航空工业走向世界的荆棘之路,让亨利·齐格勒的预言再次回荡在欧洲大陆的天空——"我们航空工业的未来依赖于欧洲各国的合作"。

SE-210"快帆"喷气式客机

DH.121"三叉戟"喷气式客机

"三叉戟"是德·哈维兰公司研制的新一代中短程客机,1962年首飞,1964年获得英国航空注册局颁发的适航证,2个月后正式投入商业运营。

为了不让自家的停机坪上永远停满波音707和道格拉斯DC-8，英国和法国终于迈出了久违、艰难但却更为现实的一步：决定联手反击。

研制大型超声速喷气式客机——这条具有颠覆性创新的道路，成了他们重新夺回市场的新希望。

1962年11月28日，在法国总统戴高乐和英国首相麦克米伦的提议下，英法两国正式签署合作研发超声速客机的计划草案，把两国各自酝酿已久的原有方案合二为一。戴高乐还给这款计划研发的超声速客机取了个颇有深意的名字——"协和"。

而"协和"的总设计师，正是"快帆"的设计师——法国人皮埃尔·萨特，副总设计师则是英国的飞机设计大师——阿奇保·卢梭。

早在10年前（1952年），英法两国就先后开始酝酿研制超声速客机，然而由于投资太过庞大，对资源、技术的要求都太高，两国均无法独立完成。

合作，是最好的办法。

这是两位大师的强强联手，也是两个国家的通力合作，而他们要面对的，不仅是波音和道格拉斯这两个强大的对手，还有成堆的世界级难题，包括外形设计、结构设计、材料选择、动力系统以及稳定操纵等。

在最初的探索中，工程师们发现一个非常现实的问题：超声速飞机需要很快的起降速度，因而需要很长的跑道，然而此时全世界的机场都不能满足这样的起降条件。

这会直接影响超声速飞机的市场接受度。卖不出去，再好的飞机也没有意义。

降低飞机的起降速度、缩短起降距离，就成了必须攻克的难题。

当时，解决这一难题的方法并非没有，亚声速客机就已经攻克这一难关，通过一种增升装置得以实现。简单来说，就是在飞机起降过程中，机翼后缘会向后伸出几组翼片，前缘也会向前伸出一组翼片，这些翼片统称"增升装置"，俗称"襟翼"。

而襟翼，早在道格拉斯公司研制 DC-1 的过程中就已经发明出来。其作用是通过增加机翼面积、改变机翼弯度等方式，大幅度增加低速飞行时机翼的总升力。

令人遗憾的是，这种方法对超声速客机不实用。采用增升装置，一方面会大大增加飞机的重量；另一方面，大面积、低后掠角的机翼在超声速飞行时会产生极大的阻力，动力装置将不堪重负。

常规设计方案已经走到尽头，必须颠覆以往飞机机翼产生升力的基本原理，寻求理论与工程上的划时代突破。

英法两国如此大的动作，立刻引起了全球竞争者的警觉。1963年，在美国空军学院的毕业典礼上，美国总统肯尼迪宣布启动国家超声速运输机项目，波音公司和洛克希德公司马上着手研发。

苏联顿时将这一举动视作冷战中的挑衅。苏联航空工业部立刻下达了研制超声速客机的指令，主要性能指标与"协和"号相近。

这个编号为图-144的项目研发重任，再一次落到图波列夫设计局。

一时间，全球航空工业都开始了一场速度竞赛，仿佛谁能造出第一架超声速客机，谁就能赢得全世界。

"协和"号的研发团队，需要直面的不仅是美国和苏联的你追我赶，还有一系列未知的世界级技术难题。

1969年4月9日，历经77个月的艰难跋涉，英法两国合作研发的"协和"号原型机，终于成功首飞。

"协和"号超声速客机完全颠覆了人们对喷气式飞机刻板的印象，它有着可变式机鼻，独特的三角形机翼和矩形的发动机进气口，充满了强烈的科幻色彩，是一款足以让英法两国引以为傲的杰作。

降落滑跑中的"协和"号

从"协和"号降落的形态中,可以清晰地观察到它的可变式机鼻,下垂后的姿态。这也成了"协和"号留给世人的经典记忆。

美中不足的是，尽管工程师们已经竭尽全力，但它还是没能成为世界上第一款超声速客机。

早在"协和"号首飞的四个月前，图波列夫带领的苏联团队就后发先至，完成了图-144超声速客机的首飞，摘下了这场超声速竞赛在研发速度上"世界第一"的桂冠。

虽然从外形上看，这两款飞机极其相似，但它们的差异其实非常大，都包含着大量独创的技术。

与图-144相比，"协和"号拥有两个明显的优点——刹车和发动机控制。

"协和"号是首批使用碳纤维材料制造刹车的飞机，在飞机落地后能够经受让飞机减速所产生的巨大热量，而图-144使用的仍然是传统材料，安全性要略逊一筹。

不过，"协和"号和图-144更大的差别在于发动机。"协和"号是首架飞行系统的重要部分完全由电脑控制的客机，它会不断改变进风口的形状，以确保发动机以尽可能高的效率运转。同时，它还有一套飞行控制系统，能够微调机翼的形态，以减少超声速飞行时的阻力。在今天，这种电传操控系统已经成为所有商用飞机必备的技术，但在当时，却是首次在商用飞机中使用。

同样，与"协和"号相比，图-144也有其独特性。

"协和"号的驾驶舱

从这张照片中,可以清楚地看到"协和"号的电传操控系统。尽管与今天相比,这套系统显得尤为复杂,但却是首次在商用飞机中使用。

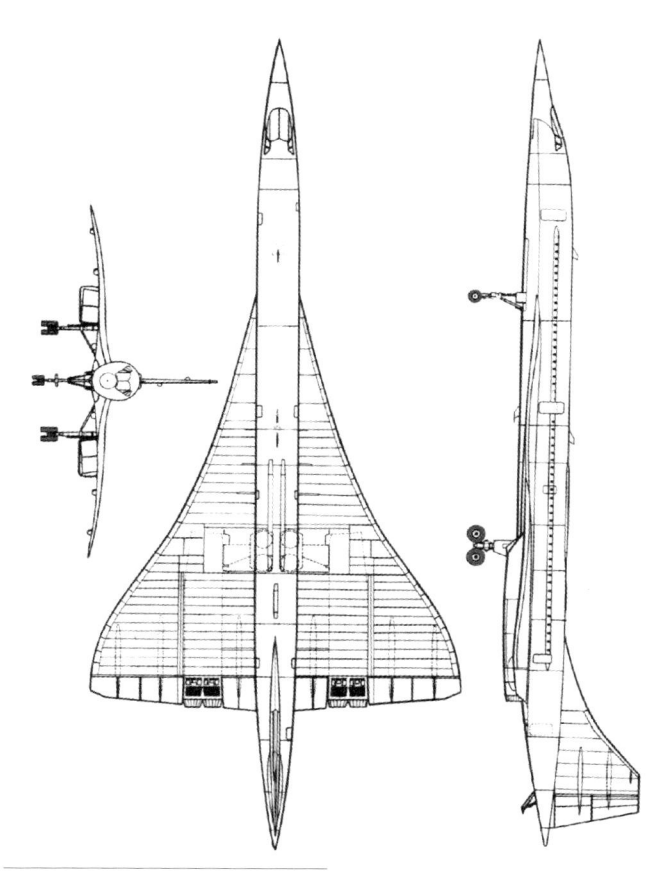

"协和"号超声速客机结构三视图

"协和"号的超常规设计源于对一系列世界级难题的突破。从三视图上看，它有巨大的三角翼，复杂的几何进气口，并且机翼头锥下垂，都是为了尽量降低飞机的起降速度、缩短起降距离，以适应当时全球机场跑道的长度，以及保证起降时的视界。

图-144的体型更大、更长，也更重，它升入空中所需的动力更多。空载时，图-144的重量接近100吨，比"协和"号飞机空载重20吨。它特别设计了在座舱后面可伸缩的鸭翼，这样就能为它提供额外的升力，并能有效提高它在低速时的操纵能力。

1973年6月，苏联终于带着图-144，站到了巴黎航展的舞台上。

6月2日，"协和"号在航展上顺利完成了中规中矩的飞行表演。据《时代》杂志报道，图-144的试驾员米哈伊尔·科斯洛夫曾专门走到"协和"号的团队面前说："你们就等着看我们飞吧。"

第二天（6月3日），图-144成功升空，科斯洛夫为了展示图-144的优越性能，开始尝试做出高难度动作。万众瞩目下，图-144在空中突然翻转，坠入附近的一个村庄，机上6名机组人员和村庄里的8人因此丧生。

这次事故，让一时风头无限的图-144走向黯然。

1978年6月，图-144改良版在预交付试飞中又一次坠机，自此以后彻底结束了短暂的民用航空生涯。

从首次飞行起算，图-144超声速客机累计进行了102次飞行，其中仅有55次是载客飞行。

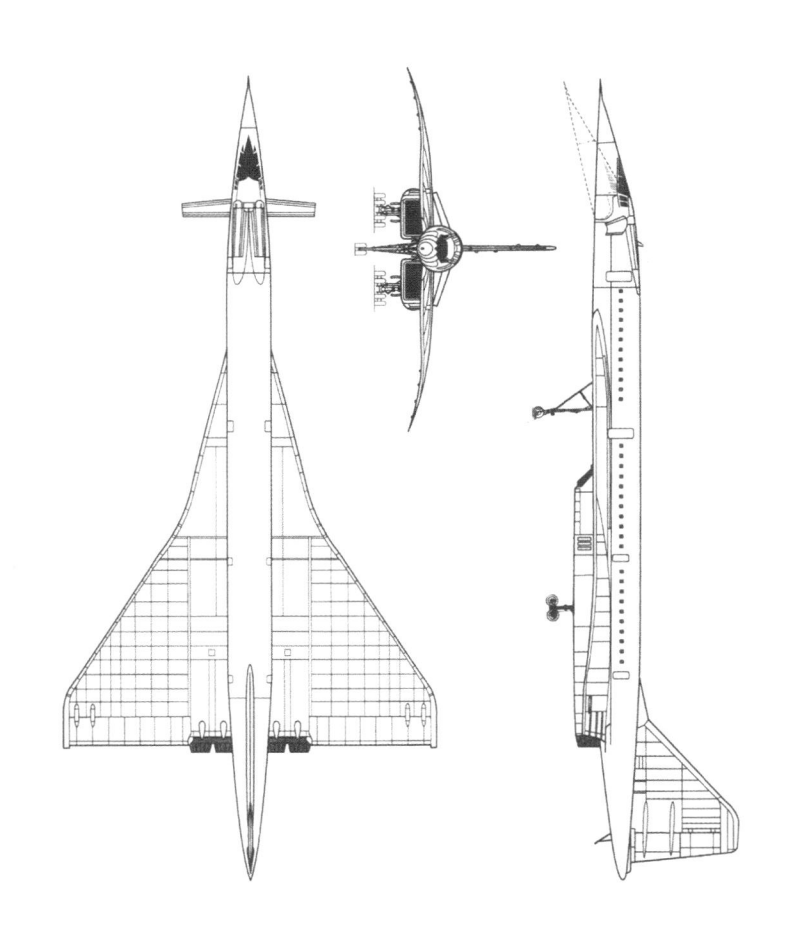

苏联图-144 超声速客机结构三视图

2019年,最后一架图-144在完成最后一次飞行试验后,被拖行至莫斯科郊外的高速公路岔道口,成了这款经典机型永恒的纪念碑。

"人类历史上第一款投入商业运营的超声速客机",这样的荣光,最终落在了"协和"号身上。

1976年,"协和"号开始投入商业运营。

以每小时2马赫的速度,巡航在18 000米的高空,3小时完成巴黎到纽约的航程,每张票都享受头等舱的待遇……凡此种种的极致飞行体验,立刻使得一批商界精英和社会名流成为它的拥趸。

然而,"协和"号最终也没能成为这场超声速竞赛最后的赢家。

技术上,"协和"号的确达成了一项了不起的成就,但技术上的成功并不总是决定着市场的成败。

技术和市场,俨然有着各自不同的逻辑。

"协和"号超声速飞行的背后,是高昂的研制、维修成本,以及惊人的油耗、较短的航程和较低的载客量,这便使其经济性面临严峻的市场考验,更令全球范围内的众多航空公司望而却步。

仅靠英、法两国航空公司运营"协和"号,终因难以为继,于2003年黯然离场。

被安置在莫斯科郊外的图-144

第十章
宽体"巨星"

20世纪60至70年代,正当世界大国间的超声速竞赛热火朝天地进行之时,航空公司率先冷静下来开始思考,商用飞机的主力机型到底应该是什么样的呢?

1969年,巴黎航展。此时,这个全世界历史最悠久的航展已经走过整整60个年头。在这60年间,它见证了商用飞机从几块简单拼接的木板,一步步演化为拥有上百万零件的金属巨兽。而那一年,巴黎航展最耀眼的"明星"是乔·萨特设计的波音747宽体客机,以及英法合作研制的"协和"号超声速客机。

这两款飞机代表了当时商用飞机的两个发展方向——更大的载客量和更快的速度。

"空中女王"波音747,身长70.6米,翼展64.4米,高19.4米,载客量416人,最大起飞重量约400吨,是当时其他机型的2倍以上。它的登场,让身边所有的飞机看起来都像是小小的玩具。

1969年巴黎航展上的波音747（右）与"协和"号（左后）

"协和"号的体形远没有波音747那么庞大，载客量只有70人，与波音747相比，甚至可以用娇小来形容。但它却拥有波音747所无法比拟的速度优势，能以其2倍的音速飞行，达到每小时2 300千米左右。

这样的速度，比晨昏线的移动速度还要快，足以使它追上甚至超越地球的自转。因而，英国航空公司为其运营的"协和"号，自信地打出这样的广告语："在出发之前抵达。"

波音747和"协和"号的登场，不仅仅吸引着航空公司或航空爱好者的目光，更撩拨着全人类对天空最终极的想象。而它们神奇的相遇，竟始于一次毫无征兆的闲谈，以及毫无准备的开始。

1965年夏天，泛美航空公司董事长胡安·特里普和波音公司的总裁威廉·艾伦相约到阿拉斯加度假。钓鱼时，两位巨头闲谈起了宽体客机。

特里普说："只要你造出来，我就会购买。"

艾伦回答："只要你买，我就能造！"

随后艾伦追问："你们想要多少座的飞机？"

特里普回答："400座。"

特里普轻描淡写的回答，看似是无心之言，其实是他酝酿已久的计划。

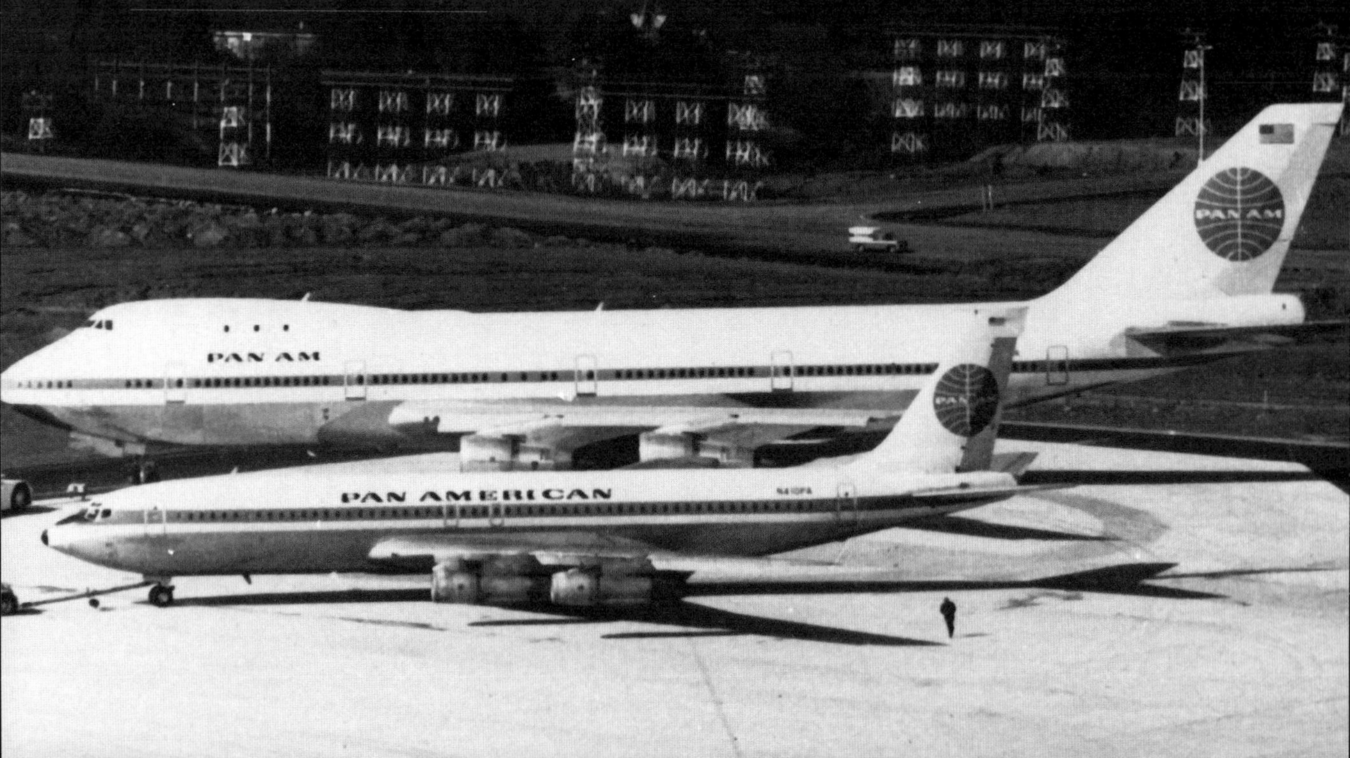
PAN AM
PAN AM
PAN AMERICAN

时至今日，特里普和艾伦的这段对话已经成了波音747不可分割的一部分。

早在1956年，泛美航空公司就占所有海外航线里程的54%，运送约59%的乘客和60%的空运货物。其投资更是占到国际同行投资总额的67%。而作为这家传奇航空公司的缔造者，特里普拥有敏锐的市场嗅觉。

当时，世界经济的急速增长，带来了全球贸易的持续扩张，人员、货物的往来也日益频繁。这一切，让特里普嗅到了持续向好的商机。

因而，当整个世界都沉浸在速度与激情中时，特里普做出了对未来商用飞机市场的大胆预判：大型航空枢纽间的交流必将迎来空前增长，洲际航线必将迎来一个前所未有的市场。

这意味着，更大载客量的飞机必将受到未来民航市场的青睐，同时也只有更大载客量的飞机，才会让航空公司的利润最大化。但特里普向艾伦提出的400座，是当时最大客机载客量的2倍，其制造难度可想而知。况且，当时的波音公司正在国家超声速运输机项目——2707上忙得不可开交，无论人才还是资源，都难以保障其同时启动另一个大型项目。但特里普不断向波音公司施压，不断强调他需要一种载客量更大的飞机。

波音公司不是非常理解这样的选择，也完全没有兴趣研发特里普所说的这种大飞机，但面对超级航运巨头的强烈需求，身为商用飞机制造商，它又难以回绝。波音公司非常明白，任何一种商用飞机的研发，如果不能满足航空公司的需求，他们就不会购买。

波音公司召回了正在休假的工程师乔·萨特，由他牵头组织研发一款400座的宽体喷气式客机，即波音747。

当时，没能入选2707项目组的乔·萨特，正在享受他为波音公司工作20年来的第一个假期。回到公司后，他才发现，这是一个毫无准备的项目，迎接他的将是巨大的挑战。但他却展现出了过人的勇气和毅力，使用2707项目剩下的资源，带领100位和他一样因为种种原因而没能入选2707项目的组员，在杜瓦米什河边上的老工厂，心无旁骛地推进波音747的研制。

1965年12月22日，为了表示诚意，更为了波音747项目的顺利推进，泛美航空公司提前一年与波音公司签订了25架宽体客机的采购合同，总金额高达5.25亿美元。

这一年，波音公司正好成立50周年，泛美航空公司的订单也就成为献给波音的贺礼。但同时，泛美航空公司也提出了一个苛刻的时间，必须在1969年底，也就是特里普退休之前，交付第一架波音747。

这让项目组感受到巨大的压力，更让乔·萨特感到担忧的是团队的士气十分低落。公司里的很多高层和资深工程师都一致认为，这不过是个过渡性项目，只要波音2707超声速运输机研发成功，它立刻会被淘汰。

而在与各国潜在的客户接触之后，乔·萨特也尴尬地发现，他们都已经预定了"协和"号或是波音2707。尽管波音747与它们的定位截然不同，却必须加入这场惨烈的混战。

为了和美国联邦航空管理局确定波音747适航取证的具体信息，乔·萨特在一个闷热的夏日里，独自前往华盛顿出差。在那里，他遇到了同样来自波音公司的20多名同事，他们此行的任务是向美国联邦航空管理局汇报波音2707超声速运输机的项目进展。这些热情的同事在酒店的吧台为乔·萨特点了一杯鸡尾酒，闲聊起各自的项目。

其中一人搂着乔·萨特的肩膀说："你知道吗？如果你在你的大飞机项目里干得出色，那我就在超声速运输机项目里给你留一个位置。"

这个场景，乔·萨特铭记了一生。以至于很多年后，当乔·萨特回首往事，还是会心酸地说："如果世界上还有哪个项目是从一开始看起来就注定要以失败而告终，那一定是我们这个！"

温文尔雅的乔·萨特从那一刻起，竭尽全力争取每一个可用之才，争抢可用的设备，从波音2707项目的牙缝里争取风洞实验的使用权……而他的激情，也成为点燃团队的发动机。一个个天才的想法开始浮出水面，双通道宽体机身、驼峰外形、37.5度角的后掠翼、四组主起落架……空中巨无霸在外形设计方面的主要难题，其中大部分成果是空前的创新。

波音747总设计师乔·萨特

波音747-100基本型侧写

波音747最显著的外表特征是上舱凸起形成驼峰外形，这一突起就增加载客69人，最大载客量达490人。这一创意来自泛美航空公司提出的从机鼻进货的需求。

早期波音747的客座舱

早期波音747的头等舱（位于驼峰上层）

1969年2月9日，那是一个寒冷的冬日。早上，乔·萨特带着他的妻子南茜坐上了一辆货车，前往波音747即将进行首飞试验的机场。焦虑不安的南茜反复询问乔·萨特："那个大家伙真的能飞起来吗？"

乔·萨特向妻子保证："一定会成功飞起来……"

抵达机场后，乔·萨特带着南茜走到一块距离起飞点100码[①]的草坪，告诉她："当飞机从跑道上滑过的时候，你会看到它将在你面前离开地面。放心吧。"

不同于当时其他喷气式飞机所发出的嘶鸣声，伴随着一阵"隆隆"的声音响起，波音747原型机开始在跑道上加速。在南茜的眼前，一架比当时正在服役的最大的飞机还要大出几倍的喷气式飞机，腾空而起。泪水顺着她的脸颊滑落。

几个月后，在1969年的巴黎航展上，波音747首次在公众面前展示了它的风采。乔·萨特安静地享受着全场的欢呼与膜拜。两年后，赌上了整个波音公司的2707项目黯然下马。起初不被看好的747项目，成为波音公司崛起的关键。

---

① 1 码 = 0.914 4 米。

波音 747 首飞成功后欢呼雀跃的人们

第一次与公众见面的波音 747

50 年间,波音 747 一共交付了 1 520 架,运送旅客 40 亿人次,机队飞行里程累计超过 420 亿海里[①]。

———————
① 1 海里=1.852 千米。

在时代的云谲波诡中，特里普曾经预测的未来已经到来。正是在那个时期，乘飞机跨越大西洋的人数超过了乘船或班轮的。而乘坐波音747的人，也远比历史上任何一种飞机所运载的旅客数量要多。

第十一章
欧洲突围

1969年,波音747与"协和"号在巴黎航展上大放异彩之时,初尝胜果的英、法两国又联合德国,在航展一间普通的会议室中,共同签署了联合研发A300的正式协议。一场更大规模的合作就此展开。这一次,联合起来的英、法、德三国决定正面挑战波音公司的立身之本——大型干线客机。许多年以后,空中客车(以下简称空客)公司把这一刻看作自己诞生的起点。

波音747完美地满足了远程干线航空市场的需求,但随着大众出行观念的转变,加之国内城市间距较远,火车不足以满足运输需求,美国国内中短途航线兴起。一个新的市场机会,呼之欲出。美国航空公司的技术主管弗兰克·柯尔克提出了自己的设想。

在柯尔克看来,波音747采用的宽体设计,是一个天才的开创,它让所有同时代的远程飞机都显得过时了。遗憾的是,这款飞机无法与美国航空公司的业务相兼容。

尽管波音747的启动客户泛美航空是全世界最成功的

航空公司之一，但它的业务优势在于跨大洋的国际航线。而像美国航空公司这样专注于经营国内航线的公司，有着与泛美航空截然不同的需求。从这一点看，波音747太大了，不可能在中短程航线中盈利。市场急需一款"仅有250座"的宽体客机，并且要尽可能经济，因此必须只配备2台大型、高涵道比的喷气发动机。

经过一番描摹，名为"柯尔克机器"的飞机设计跃然纸上。尽管柯尔克还不是航空业的大人物，但他的"预言"代表了当时美国航空公司的态度，所以很快便引起了商用飞机制造商的注意。在技术上处于劣势的道格拉斯和在商用飞机市场接连失利的洛克希德，终于看到了扳回一城的希望。这极有可能成为改写美国航空格局的战略突破。道格拉斯公司和洛克希德公司几乎同时启动了新飞机研发的项目，两家公司几乎拿着同样的时刻表，开始了又一场你追我赶的速度竞赛。

在最初的设计中，他们都严格遵循"柯尔克机器"的构想。毕竟，没有人愿意再失去这最后的机会。但随着项目推进，反对的声音开始越来越大。美国联邦航空管理局出于安全性考虑，公开表示不欢迎25吨推力的双发飞机。随后环球航空公司等客户也基于同样的考量，先后表态新飞机可以保留"柯尔克机器"的其他数据，但必须有三台发动机。

自那以后，道格拉斯和洛克希德的新项目开始离柯尔克的数据越来越远。

在道格拉斯公司和麦克唐纳公司完成合并之后，这个定名为DC-10的项目才正式启动。而洛克希德公司最终也确定采用L-1011"三星"方案。

空客A300与"协和"号在1973年的巴黎航展亮相

空客A300是空客公司推出的第一款机型，它的设计方案几乎完美契合了"柯尔克机器"的构想。

DC-10和L-1011"三星"就像是一对孪生兄弟。它们的性能参数几乎一致,三台发动机、双通道、最大载客量400人左右。最大的不同就是DC-10的发动机更强大和易于维护,而"三星"的发动机则在安静性和可靠性上表现更佳。

相比之下,美国航空公司对"三星"的兴趣更加浓厚,但最后却因为压价成功而选择了DC-10。

不过,"三星"的生产线也在接受了环球航空和美国东方航空的订单后,正式启动。

虽然"三星"的设计进度紧紧咬住了DC-10,但由于发动机问题,DC-10还是比"三星"早一年投入商业运营。

1971年,DC-10正式交付,次年,三星也正式交付。但DC-10启用后第二年,业界就开始发现这款仓促设计的飞机有着许多安全隐患。其中最严重的是机腹货舱舱门设计,直接引发两起空难,其中最为严重的是第二起——土耳其航空981号班机空难,造成机上346人全部罹难。但这只是DC-10噩梦的开始,在1979年,DC-10更在一年内涉及三起意外,虽然意外起因与飞机本身设计并无直接关系,但当时航空当局以安全为由,勒令全球的DC-10全部停飞。

DC-10 喷气式宽体客机

L-1011 "三星"喷气式宽体客机

看起来,"三星"似乎和DC-10一样,也将第三台发动机安装在垂尾上,但其实那只是进气道口,并且是位于垂尾根部。实际上,"三星"将第三台发动机安装在机体内部,位于机身后部中央的位置。

而此时,"三星"却凭借其出众的安全性,使得环球航空高调宣称,"三星"是世界上最安全的飞机之一。这也一度成为"三星"最好的广告。

尽管受到多起空难事故的打击,但DC-10还是因其导入市场较早、操作及维修成本较低廉等原因,在销售量上死死压住了"三星"。

于是,两家公司在一个狭小的细分市场中,竭尽全力展开了厮杀,疯狂打起了价格战。

经此一役,老牌航空巨头洛克希德彻底退出了商用飞机市场,后与马丁·玛丽埃塔公司合并为洛克希德·马丁公司,L-1011"三星"也就成了它最后一款民航客机。而麦道公司也从此走上了漫长的下坡路,尽管后来推出了经典的三发客机MD-11,却也没能重现DC-3到DC-8时代"商用飞机第一巨头"的辉煌,最终与波音公司合并。

虽然柯尔克的"预言"没能拯救麦道公司和洛克希德公司,但它最终还是改写了商用飞机的发展格局。只不过,连柯尔克自己也没有想到,让"柯尔克机器"真正成为现实的人竟来自大洋彼岸的欧洲。

最后一架以"麦道"命名的飞机——MD-11

1990年才投入商业运营的MD-11,世袭自DC-10,也是三发设计,但其机身、翼展要比DC-10长。1996年12月,麦道公司被波音公司收购也得以改良。1996年12月,麦道公司被波音公司收购。

1970年12月,空客公司在法国正式成立,亨利·齐格勒出任空客公司第一任总裁。然而,这并不是一个轻松的结果。从1965年开始,英、法、德三国就已经开始了对A300原型的构想。从250座到500座,从双发到四发,从双层到宽体,几乎每一个设计细节都充满了争论。而英国摇摆不定的合作态度、法国紧张的资金链,都险些让这个计划胎死腹中。

直到1968年春天,法国总统戴高乐在被耗尽耐心之后,下令彻底放弃这项计划。幸好,在法国南方飞机公司临时总裁的多方游说下,法国政府最终决定3个月之后再公布这项秘密决议。而正是这3个月的缓冲期,拯救了A300,也拯救了空客。

临危受命的亨利·齐格勒在上任之初就深刻地意识到,只有各国政府全力支持,重新组织力量,才能开启欧洲航空工业的未来。

在就职演讲中,他言辞恳切地说道:"如果我们在高技术领域没有立足之地,那么我们就会成为美国人的奴隶,我们的孩子还将是奴隶……我们必须战斗!战斗!!战斗!!!"

亨利·齐格勒入主后,空客公司开始快速推进设计,最终一款约有250座的方案浮出了水面,这个方案几乎完美契合了"柯尔克机器"的构想。

空客 A300 设计方案建模

1968年12月11日，亨利·齐格勒带领着几位同事出席了巴黎"空中客车"计划记者招待会。他希望让所有人都能明白，决定性的时刻已经到来。

他坚定地告诉记者，"空中客车"计划的启动，对于欧洲航空工业来说是首要问题，要抛开一切争论。到1975年A300将有330—440架的市场潜力，而在未来的10年里，可能是900—1000架。只要应对得当，空客至少能占领一半的市场份额。

就在同一天，英国空军上将哈里·布罗德赫斯特也在伦敦举行了一场关于A300的记者会，他的观点与亨利·齐格勒如出一辙。

各国航空先驱的通力合作，最终促成了这次充满坎坷却改写了世界商用飞机格局的"联姻"。很快，意大利、西班牙等国也开始加入其中。

有趣的是，A300的启动资金已经到位，看上去前途一片光明，但却连一家启动客户也没有。各国政府都不想强制本国航空公司购买A300，而是把选择的权利交还给了市场。因此，空客公司成立后的第一要务，不是研发，而是销售。

在当时开放、竞争的市场上，以此种方式启动这样一个项目，尚属全球首次。

空客 A300 设计结构俯视图

从图上可以清晰地看出，空客 A300 的设计方案只有 2 台发动机。这正是"柯尔克机器"构想中的核心要点，它不是第一次出现在设计方案中，却是第一次由空客变为现实。因而，空客 A300 也就成了世界上第一款喷气式双发宽体客机，也是世界上第一架只需要 2 位飞行员驾驶的宽体客机。

为了把握市场的脉搏，空客派出了一支代表团飞越大西洋，前往美国拜访各大航空公司。第一站，就是"柯尔克机器"的发源地——美国航空公司。

然而初来乍到的空客，在这次行程中收效甚微，美国航空公司已经倒向了三发喷气式客机 DC-10，而其他航空公司对于这款国际协作研制的飞机，没有丝毫信心。

这是市场给空客上的第一课。

1971 年 11 月 3 日，在空客公司成立整整一年半后，终于签下了第一笔订单。法国航空公司购买了 6 架 A300B 型客机，且签订了 10 架的意向订单。无论如何，这个多少有些援助意味的本土订单，最终帮助空客打破了危险的恶性循环。

作为一家新兴的商用飞机制造商，如果失去了本土市场的支援，就更不可能有机会赢得海外客户的信任。

在图纸上酝酿了近 6 年的"空中客车"，终于有机会走入生产线了。

1972 年 10 月 28 日，法国图卢兹，A300B 型原型机首次试飞。试飞小组的负责人正是亨利·齐格勒的儿子伯纳德·齐格勒。

在长达 1 小时 25 分的飞行中，A300B 的表现堪称完美。伯纳德兴奋地宣布："这是一次例行飞行，也是一次历史性飞行。"

第二年（1973 年），空客 A300B 型客机在巴黎航展第一次公开亮相，但没有获得一张订单。

仅仅几个月后，一只"黑天鹅"降临了。

1973 年 10 月 6 日，第四次中东战争爆发，引发了全球范围内的石油危机。

从那天起，黑色黄金便成为一种可怕的经济武器，原油价格从每桶不到 3 美元一路飙升至每桶近 12 美元。石油价格的上涨给航空工业带来了灾难性的打击，燃料价格的上升，直接导致运营飞机成本的飙升。

在这场危机中，首当其冲的便是油耗惊人的"协和"号超声速客机，其次是三发、四发喷气式宽体客机。这场危机也刺激着航空公司寻求容量更大、经济性更强的飞机。

石油危机让欧洲人看到了重新进军美国市场的可能。空客公司决定抓住这次机会扭转乾坤。只要飞机能够卖到美国，它就会很快销往世界各地。

1973年巴黎航展的盛况

1977年4月,面对问世5年只拿到不足40架飞机订单的糟糕境况,空客仔细研究了客户需求,锁定运力紧张的美国东方航空公司,向其发出了一个大胆的提议:除提供机组人员和技术人员的培训费用之外,空客公司还表示,愿意免费租借4架A300B型客机供其使用6个月。

对美国东方航空公司而言,这就是一顿无法拒绝的免费午餐,而对空客而言,则是一次代价不菲的赌博。但他们愿意承担这样的风险,如果不冒险,就将无法前进。

最终,在空客备受煎熬的6个月里,美国东方航空公司惊讶地发现,空客A300B型客机的耗油量只有波音同类飞机的2/3,并且在相同的经营成本下,2架A300B型客机就可以取代3架三发客机,而且还能够增加20%的载客量和33%的潜在利润,这还没有考虑货舱航运带来的额外收入。

在过去,法国的"快帆"客机就因为货舱狭小而处于商业劣势,A300B在这方面显现出惊人的改观。

1978年4月6日,欧洲人10余年的卧薪尝胆,终于收到了回报。在试运行结束后,美国东方航空公司果断订购了23架A300B型客机(包括正在使用的4架),同时还追加了34架的意向订单。

以此为开端,欧洲人开始步入全球市场。而这份总价值高达7.78亿美元的合同,正式向全世界宣告,重生的欧洲航空工业开始崛起。

次年(1979年),苏联研制其第一款大型喷气式宽体客机——伊尔-86的消息,也在巴黎航展上不胫而走。

1981年巴黎航展上苏联民航的伊尔-86

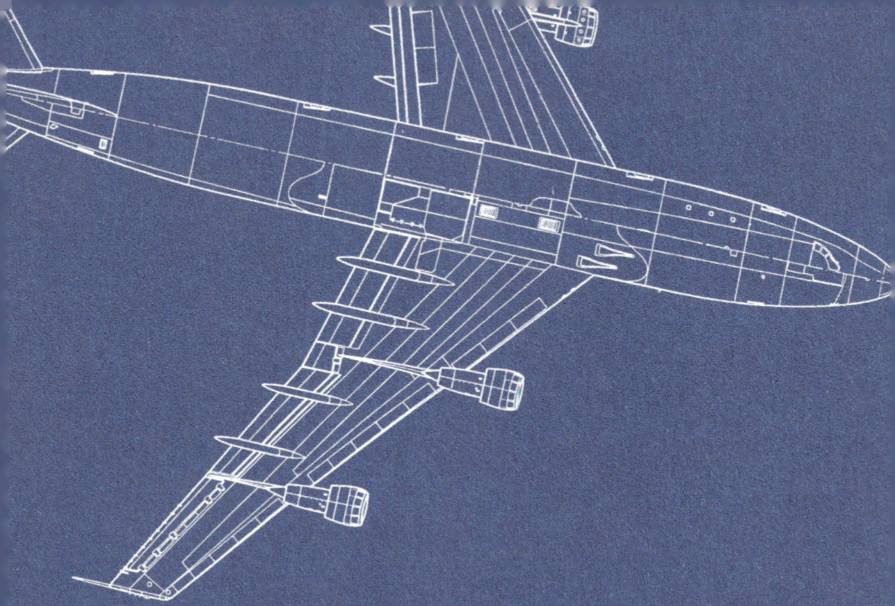

第五部分

5 更高天空

历经一个多世纪的发展
商用飞机产业早已不是一个单纯的制造业
决胜也不仅仅靠一两个成功的型号
托举起这个庞大产业的
是一双双看得见和看不见的手
它们共同持续提升着
人类天空攀登的刻度线

第十二章
系列化对决

> 20世纪70年代末，石油危机所招致的市场萧条尚未完全远去。由于飞机订单的急剧减少，一度称霸国际民机市场的美国三大商用飞机制造商里，麦道和洛克希德连年亏损，难以为继。而新成立的空客，仍在不懈努力。

20世纪70年代中期，美国三大公司——波音、麦道、洛克希德，一度称霸国际民机市场，掌握着西方国家95%的宽体客机订单。波音更是执航空工业之牛耳，凭借其四发远程窄体客机B707、三发中短程窄体客机B727、双发中短程窄体客机B737，以及四发远程宽体客机B747组成的紧密互补机型，占领西方民机市场60%的份额。而闪亮登场的欧洲空客，到1976年时也只有3%的市场订单份额，且仅有A300投入航线运营。

但美国人没有无视来自欧洲的潜在威胁。

当空客公司启动A300B的派生型A300B10，即A310项目时，波音公司与美国航空公司和联合航空公司共同开启波音767项目，以期在200座级双发宽体客机市场，与空客A310展开直接竞争。

1983年交付启动客户——瑞士航空的一架空客A310

A310是空客1978年开始研制的一款双发中程宽体客机,也是世界上第一种采用翼梢小翼设计的民用飞机。

为了更好地适应市场需求，A310 在 A300B 的基础上，将机身长度缩短了 12 个隔框，使载客量从 266—361 人减少到 210—245 人。

同时，为了提升其飞行性能，A310 采用了新的增加了展弦比和厚度的机翼、新的水平尾翼、新的双人机组和数字式驾驶舱，并且驾驶舱内采用了电子式飞机中央监控系统显示器、数字式自动飞行控制系统和飞行管理系统，以保证飞机在Ⅱ类或Ⅲ类气象条件下自动着陆。

此外，A310 还设计了独特的重心配平油箱、碳刹车和径向轮胎。这些新技术的采用使得 A310 所产生的收益优于同时代的同类飞机，其中就包括波音 767。

对波音公司来说，767 的直接竞争对手自然是 A310。可对空客来说，迎战 767 的却是由 A300B 和 A310 构成的宽体姊妹系列。在同级别飞机中，A300B 和 A310 具有最宽机身，确保了所有头等舱和公务舱的旅客都能获得靠窗或过道的座位。同时，一排 8 个座位的经济舱布局提供了比波音 767 更大的空间，使每位旅客离过道的距离都不会超过一个座位。

为了打造这个飞机系列产品，A310 在 A300B 的基础上重新设计了发动机吊挂，不仅适用于所选择的 4 种发动机型号，而且可与 A300B 采用相同的发动机。

更重要的是，这两种机型采用同一种驾驶员通用型号等级，具有某一型号资格的驾驶员经过简单差别培训就可以驾驶另一种飞机，这一通用性还适用于维护飞机的地勤人员和乘务员。就连驾驶员和工程技术人员的培训，也可以采用同一种培训系统和培训辅助设备，从而降低航空公司的运营和维护成本。

这一系列的改进，使得 A310 在首航前的几个月，创造了 150 架的确定和意向订单的纪录。

作为 A300B 的直接派生机型，A310 不仅以较低的成本实现了空客产品线的第一次系列化扩展，而且让空客跨过了一道决定性的门槛，更为空客描绘出更加乐观的未来。

波音自然无法坐视空客的崛起，在启动双发中远程宽体客机 767 后不久，又启动了双发中程窄体客机 757 的研制，从而催生出一对市场互补，设计、制造和操作上又拥有互换性的"空中姊妹"，意图全面遏制空客的发展态势。

为了争夺市场，产品线尚不完备的空客不得不另辟蹊径，为目标客户量身定制一系列融资计划，比如凡是订购空客飞机的航空公司都可以得到欧洲各国政府提供的低息贷款。

空客宽体姊妹系列 A300 和 A310

A310 飞机将 A300B 的机身缩短了 12 个隔框,同时在机翼上方增设了一个舱门。

这一举措的问世,立时将大西洋两岸四家制造商的空中竞争推向白热化。结果,波音在这场你死我活的竞争中进一步巩固了自己的领先地位,空客紧随其后,麦道和洛克希德却是节节败退。

到了 1981 年,元气大伤的洛克希德不得不宣布退出商用飞机市场。

波音767

20世纪中后期的波音怀有很大的野心,其希望开发至少三种互补机型,确切地说,是同一个机体的三种不同型别——它们将采用相同的机身直径和相同的驾驶室,相同的机翼设计,可容纳180—200个座位,分别能完成三种不同距离航线的飞行任务。这款飞机可由7N7和7X7早期设计而来。双发客机命名为波音767,而远程三发客机命名为波音777。尽管对它的描述是如此完美,但人们对它并没有兴趣。波音公司因此回到了两款互补性很强的双发飞机研制上来,分别是单通道波音757和双通道波音767,以取代早期的波音707和部分727。

20世纪80年代初,随着美国与其他各国政府开始放松对民用航空的管制,航空运输市场对于较小型飞机的需求急剧增加,新一代150座级项目突然变得极为热门。

市场研究显示,未来20年,该型飞机可能获得2 500架的销量。但同时,麦道DC-10和洛克希德L-1011惨烈竞争的结局,又昭示了一个基本事实——两款几乎相同的飞机想在市场中平分秋色是不可能的。更何况,新型飞机的研制所需要的投资增长之快,使得项目盈亏平衡点要到新飞机交付几百架后才能实现。

也就是说,民用航空制造业已不再是一个短期内有利可图的行业。这无疑给众多竞争者出了一道难题。

对遥遥领先的波音公司来说,其产品线已逐步更新为737、747、757和767四个基本型号,无论座级还是航程都已实现紧密互补,几乎已经覆盖了从100座级到400座级的整个市场,并且拥有良好的市场影响。这时,不过分扩展产品线就显得非常重要。

因此,波音公司优先考虑的是系列机方面的延伸,通过逐步改进演化法,投入有限的资源,在新一代150座级客机市场上获取理想的占有率。

自1980年初起,波音公司便着手第二代737,即737-300的改进工作。

与初始型737相比，737-300保留了70%的部件，将机身加长2.63米，并用两台最新的CFM56发动机替换了上一代737所使用的JT8D发动机。

这一改进就使飞机载客量增加约20人，而油耗却降低了21%。两组数据的改进，让波音公司在一年半的时间里获得了破纪录的1 100架飞机订单。这也预示着波音公司在系列机方面的延伸将取得巨大成功。

当波音公司将工作重心集中到737-300项目上时，欧洲人终于下定决心进入美国人先前认为完全属于他们的市场领域，开启新一代150座级项目。

与波音公司的选择不同，空客没有这一市场的基础产品，只有扩展空客家族产品线这一条路可走。但为了避免重蹈DC-10和L-1011两败俱伤的覆辙，欧洲人巧妙地避开了波音737-300。

他们敏锐地发现，全球商用飞机市场还可以容下座级比波音737-300略多一些，但又比波音757少一些的第三种双发中短程窄体客机。同时，空客也清醒地意识到，如果要和民航霸主波音争夺市场，单纯依靠座级的优势是远远不够的，还必须大胆引进一系列最新的技术和创新措施，研制出超越常规的飞机。

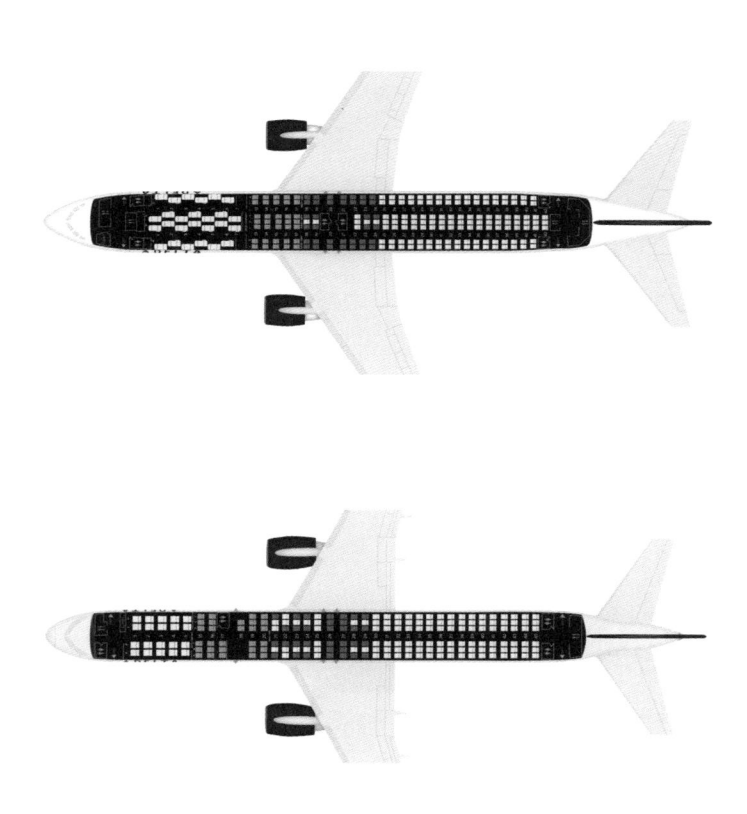

波音"姊妹花"757和767机身与座舱分布对比

上图为波音757-200型飞机,下图为波音767-300型飞机。

波音 737 系列从第一代到第二代的演变

图中自上而下，依次为波音 737–100、737–200、737–300。其中 737–100/200 为波音 737 系列第一代机型，737–300 为波音 737 系列第二代的第一款机型。自研发以来，波音 737 系列 50 年销路长久不衰，成为民航历史上最成功的窄体客机系列之一。

于是，空客果断启动了A320项目。

在空客公司的描绘中，A320将是一款可实现自动操纵的飞机，它装备计算机自动操作系统、电子自我防护系统、微型侧向操纵杆和仅需2位飞行员的驾驶舱，这些都预示着运营成本将会大大降低，同时也将带来一场行业革命。

消息一出，立刻在航空界引起巨大震动，法国航空公司随即承诺订购50架。与此同时，来自美国的航空公司，也对A320的创新及其展现出的前所未有的经济性产生了浓厚的兴趣，仅达美航空和联合航空两家公司的订购量就达到了几十架。

当时，正在服役的商用飞机，操作系统主要是机械式操作，需要通过机械连接，将驾驶员的操作指令传导到相应位置。随着飞机体形越来越大，需要的操作力量也越来越大，便演化出了液压式操作系统。

它在机械式操作系统的基础上，通过添加液压装置来辅助驾驶员。但二者有一个共同的缺陷：需要大量的机械传导装置或液压装置，从而导致过度占用机舱的空间和加大了载重量。而且，这样的操作系统通常需要三个人才能完成，除了两位驾驶员，还要再配备一名机械师。而电传操作系统，只需要在电脑控制台前按下按钮，就会有电信号通过电线传导到相应部位。这就极大地简化了飞机的结构设计，提高了飞机的效率，不仅使飞机驾驶和维修更方便，而且飞行更安全。

这项令各国航空公司青睐有加的创新，对欧洲航空工业而言，其实是一项磨炼多年的隐藏技术，早在"协和"号超声速客机上就已经得到成熟的应用。随着计算机技术的发展，它在大型喷气式客机上的应用，也就瓜熟蒂落。

空客 A320 装配电传操作系统的驾驶舱

A320 是世界上第一种采用侧向驾驶杆电传操纵的亚声速商用飞机。电传操纵系统的引进，为空客公司实现全家族飞机通用性理念，打下了坚实的技术基础，也成为空客公司与波音公司争夺市场的重要筹码。

空客 A320 驾驶舱采用侧向驾驶杆

侧向驾驶杆位于图中驾驶座椅两侧,有利于操纵前方控制器,改善前方显示器的可视性,扩大仪表板上的可用空间。

1987 年 2 月 22 日,首架空客 A320 飞机在法国图卢兹成功下线并顺利完成首飞,次年投入商业运营。很长一段时间内,它与波音 737 系列在中短程干线飞机市场中分庭抗礼。

2018 年底,A320 系列以在役 7 251 架超越了波音 737 的 6 757 架,成为商用飞机历史上销量最高的飞机。这一成就的达成与空客的另一关键决策有着极为重要的联系。

不同于换发 CFM56 的波音 737-300 项目，空客 A320 项目启动之初，就完全按照系列化发展的概念进行研发，第一代先推出基本型 A320，避开与波音 737-300 的正面竞争，并抢先占领 150 座级单通道客机市场；然后再推出加长型 A321，标准两舱布局达到 185 座，载货量较 A320 基本型增加 40%；接着是缩短型 A319，其高原型改装具有优异的高原性能；最后是在 A319 基础上进一步缩短的 A318，它也是 A320 系列产品中最小的一款飞机。

经过 30 多年的努力，A320 系列不断巩固市场，覆盖了 120—220 座级、航程 2 800—6 500 千米的单通道客机市场，形成了完整的产品群，给全球航空公司提供了选择的灵活性，并直接与 B737-300/600/700/800/900ER 等第二、三代机型组成的波音 737 系列飞机展开激烈竞争。

在空客 A320 系列化发展的道路上，最具吸引力的还是其通用性。由于 A318、A319、A320 和 A321 具有相同的驾驶舱和操作程序，拥有一种机型飞行执照的驾驶员就可以驾驶 4 个型号的飞机。

也就是说，具有 A320 系列飞机驾驶员资格的驾驶员，可以随时随地驾驶 4 个型号飞机中的任何一种，给使用这些飞机的航空公司在机队、航班和驾驶员的调度方面，带来了极大的运营灵活性。

同时，A320系列化研发的衍生型飞机，大量采用已研制的基本型飞机的部件、成品和系统，或仅做局部设计更改，一方面缩短了研制周期，另一方面还可以保证同一组机务人员能完成该系列所有飞机的维修工作，不仅方便了飞机的维护，也极大地降低了维修成本。

此后，空客不断将A320系列的这种通用性优势一直扩大到A330、A340和A380等系列飞机的发展中。

正是凭借这些优势，空客得以不断蚕食市场份额，支撑起商用飞机的半壁江山。

空客A320双发中短程窄体客机

空客 A320-200 型结构示意图

空客 A320 系列缩短型——A319 结构示意图

A319 除了机身比 A320 缩短了 7 个隔框外，其余几乎没有变化，充分体现了空客 A320 系列飞机的通用性。

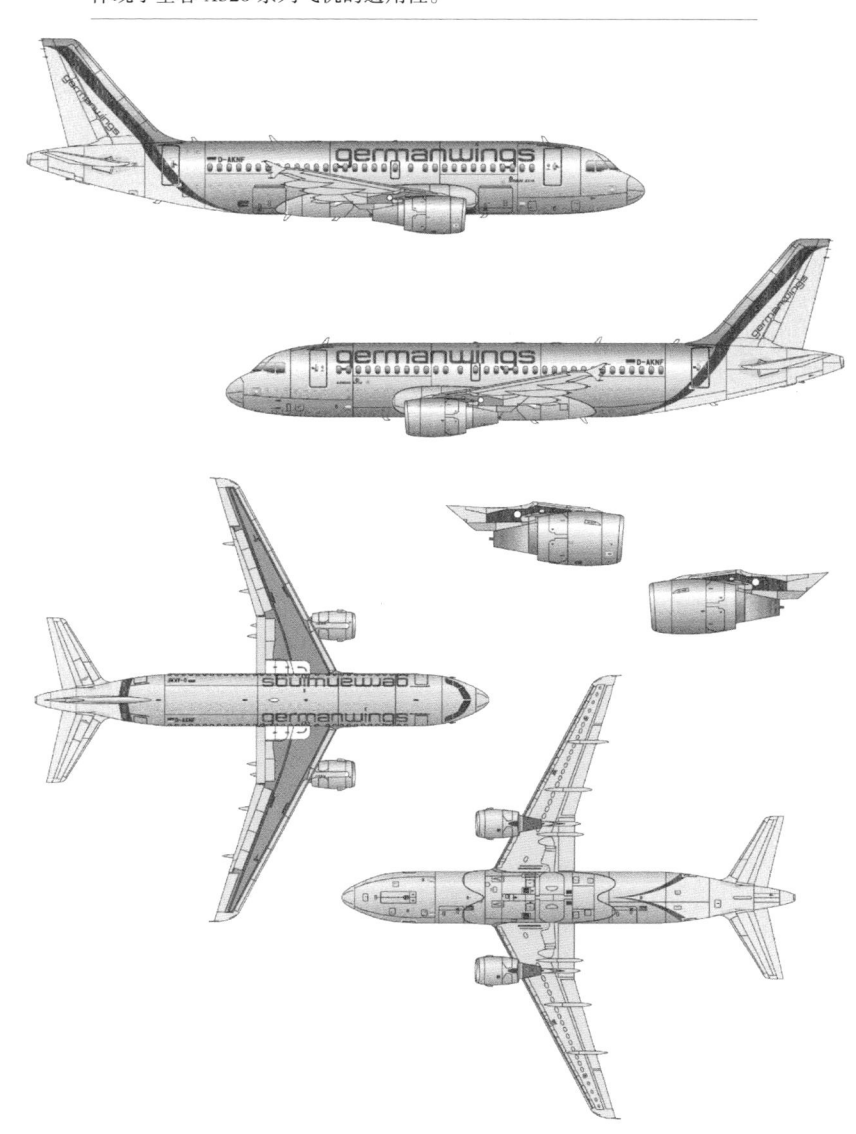

第十三章
不断浮升的适航刻度线

2002年2月5日,俄罗斯交通部长帕维尔·罗日科夫来不及收拾行李就匆匆忙忙赶往布鲁塞尔。那一刻,他背负着整个俄罗斯民航运输业的希望。就在这一天,欧盟宣布,在所有成员国境内实行新的航空标准。其中一条是对飞机起降噪声标准做出了严格的限制。

按照新标准的规定,俄罗斯航空公司普遍采用的国产商用飞机图-134、伊尔-86和伊尔-76都将被禁飞。俄罗斯民航运输业将面临巨大的困境,俄罗斯的政府和企业都竭尽全力和欧盟联合航空局进行沟通,但最终也没能改变结局。

伊尔-86,苏联第一款大型喷气式客机,于1976年成功首飞。然而,就是这样一个服务了俄罗斯和欧盟乘客近30年的机型,却因为一条规则的变动,在2006年之后全部退出市场。适航规章正是以这样的方式深刻影响着商用飞机的发展。

什么是适航?

一款飞机的适航性,就是它在预期环境中安全飞行的固有品质,并且这种品质可以通过合适的维修而持续保持。

那么,如何保证一款飞机的适航性呢?

这就需要飞机主制造商(工业方)、适航审查当局(局方)和航空公司(运营人)的共同努力。工业方通过分析、计算、试验、试飞,表明其所研制的民用航空器符合适航标准;局方代表公众通过审核工程资料、目击试验、审定试飞,确认民用航空产品符合适航标准;运营人通过维护、维修保持航空器始终符合适航标准。也就是说,主制造商向市场提供的飞机必须是符合适航标准的产品,航空公司在运营中也必须遵守相应的规则,在预期的环境中运营。然后,局方(民航局)承担监管职责,对双方进行监管。三方就这样形成了一种保证飞机适航性的铁三角关系。

之所以会有局方代表公众对飞行进行适航管理,起因是早期的飞行活动对公众利益造成了损害,因此要求政府对空中飞行活动进行管理,以保护公众利益。

随着时间的推移,政府管理的范围慢慢扩大,从对航线、飞行员的管理,到对航空器的管理,严格要求航空器的设计、制造和维修都必须达到一定的安全水平。

从大航海时代开始,世界就逐渐确立了一套航行法则。许多规则被当成习惯,沿袭下来,成为今天适航规则的一部分。比如从左侧登机,就是沿用航海的惯例。空港、航班、航线、航行、舷梯，这些航空术语，也来自航海。

但是，天空比海洋更自由，也比海洋更危险。作为人类有史以来全新的一种交通方式，航空需要比航海更为严苛的航行法则。适航管理中发挥着重要作用的"适航规章"，就是保障飞行安全的技术性底线。

其中，适航证（包括型号合格证、生产许可证和单机适航证）就好比一款飞机的准生证，只有拿到它，才能证明一款商用飞机可以进入市场。

这套适航审查体系，极为复杂又极为精确。大到飞机的整体设计、飞行员的培训、航空公司的使用以及售后维修，小到每一个零部件乃至一根螺丝钉，都有严格的规定和标准。一切有关飞行安全的细节，几乎都被囊括在适航审定的体系之中。

一部适航审定规章，就好似一部人类航空史的错题本，其中总结了自20世纪50年代以来，民航业遭遇的空难教训。每多一起空难，可能就会增加一条。每增加一条，民航飞行安全的保障就又多一分。例如：

> 1965年，美国盐湖城空难，美国联邦航空规章增加，飞机起飞和着陆期间，紧急出口处必须有客舱机组的成员。

1985年，英国曼彻斯特机场空难，英国民用航空管理局适航规章增加，英国飞机必须使用阻燃材料。

2001年，"9·11"恐怖袭击事件，美国联邦航空管理局颁布指令，要求加强驾驶舱和客舱之间的舱门，使其不能从客舱一侧被暴力打开。

这些五六十年以上的经验教训，构成了所有商用飞机制造商和适航审定机构的共同准则。

从1969年起，国际民航组织正式把促进各国适航审定体系的沟通和交流写入《国际民航公约》，并在之后增补的《附件8》中，明确规定了国际民航适航标准。这标志着全世界的适航审定体系基本确立，而这一切的起点则要追溯到1926年。

这一年，美国政府在商务部成立航空司，并由航空司颁发第7号航空通告（基本要求），对飞行员、航图、导航、适航标准进行管理。同时，还颁发了第一份飞机设计手册。这也正是适航管理的起点。

1934年，美国政府把航空司改为航空局，并开始制定民用航空规章。1958年又把航空局改为联邦航空当局（Federal Aviation Agency，FAA），给FAA增加了制定规章（FAR）和军民空管职责。同年，美国第一架喷气式客机波音707得到了FAA的审定。

首架波音707下线

1958年，美国第一架喷气式客机——波音707通过了联邦航空当局的适航审定。

1965年FAA制定颁发了FAR21部——适航审定管理程序。次年，美国政府又把联邦航空当局更改为联邦航空管理局（Federal Aviation Administration，FAA），并把事故调查的职责划给了美国国家运输安全委员会。

1981年，FAA的适航审定司建立了四个审定中心——运输类飞机审定中心、小飞机审定中心、旋翼飞机审定中心、发动机和螺旋桨审定中心，按飞机的类别负责审定政策和项目管理。

FAA有个特别重要的理念，就是持续改进。而在大西洋另一端的欧洲，如今承担适航管理的机构——欧洲航空安全局（European Aviation Safety Agency，EASA）又是从欧洲联合航空局（Joint Aviation Authorities，JAA）发展而来的。

20世纪70年代，欧洲民用航空工业的发展需求促成了JAA的诞生。早期的JAA主要负责大型运输类飞机和发动机的适航技术要求，到20世纪80年代中期，其工作范围扩展到了运营、维修和颁发人员执照。

1990年，JAA制订了全欧洲统一的民用飞机安全要求，但这时的JAA仍不是一个法律框架下的机构，而只是一个协会。

当时的欧洲主权国家各自设有自己的适航当局。在对项目进行审查时，由 JAA 组建各国适航当局参加的审查组，待审查结束后，JAA 把报告提供给各适航当局，最后再由各适航当局单独颁发证件。

随着欧盟一体化步伐的迈进，以及欧洲民用航空竞争的需要，欧盟于 2002 年决定成立具有法律权限的 EASA，全面接替原 JAA 的职能。

EASA 按照欧盟基本法、实施法规、审定规范指导文件三个层次，建立了欧盟的适航法规体系。

按照 EASA 与各国适航当局的分工，空客产品的生产制造全部由 EASA 审查、颁证和管理。其他公司的产品，设计由 EASA 审查批准，制造则由所在国适航当局审查批准。

自适航审查制度诞生以来，全球民航飞行事故的死亡率大幅度下降。今天，全球平均每天起降 10 万架次飞机，搭载近 800 万人次乘客。几乎每一分钟都有约 12 000 架飞机同时在天空中翱翔。而如此高频率、高强度的现代民航，适航标准将其安全及格线定在每百万飞行小时发生低于一次的机毁人亡事故的水平（假设一个人每周飞 8 小时，要连续不断地飞 2 000 多年才可能碰上一次机毁人亡的重大安全事故）。而这个标准，还只是一个最低安全标准。

事实上，国际民用航空实践（设计、制造、生产、运营、维修）表现的安全水平远远高于这个最低安全水平的要求，达到近300万次飞行中只有一起重大事故，远远低于人类在生活中的自然意外死亡率。

中国适航审查体系的建立，起步却要晚了许多。直到20世纪70年代末，才在民航局之下成立工程司，开始着手适航审定管理，并在1985—1992年参照FAR逐步制定了CCAR25部、23部、35部、33部、27部、29部、21部等，到1992年基本建立了和FAR相当的适航审定规章体系。

1985年，中国民航局与FAA合作，对MD-82在中国的合作生产进行监督检查，给Y12 Ⅱ型飞机颁发了型号合格证，并开始对进口的国外飞机进行认可审定。

1987年，中国民航局成立了适航司，开始参照美国的模式建立适航审定系统，逐步建立并完善了中国民用航空适航审定管理机构，颁布了一系列航空器适航技术标准和管理规章，逐步建立起与美国联邦航空条例相当的适航标准体系。

2014年，中国成为全球第一个对生物航空煤油产品进行适航审定并颁发许可证书的国家。2017年10月17日，美国联邦航空管理局和中国民航局正式签署全新的《适航实施程序》，中国与美国民航产品实现全面对等互认。

2019年3月12日，在埃塞俄比亚航空的737MAX失事之后，为了保证中国民航乘客的生命安全，中国民航局在不到20小时内迅速下令全国停飞737MAX。

几个小时后，《华盛顿邮报》这样评价："在中国成为全世界首个禁飞737MAX的国家后，欧洲各国也宣布禁飞737MAX，这标志着美国联邦航空条例不再是空中唯一的霸权。"

随着商用飞机设计制造技术的提升，以及适航规章的不断完善，商用飞机制造的适航准入门槛也越来越高。

20世纪90年代，在与波音公司正面交锋之时，美国联邦航空管理局批准的一项新的适航条例，让空客公司看到了机遇。

20世纪八九十年代，伴随着全球经济一体化的深入发展，以跨太平洋为代表的超远程航线，成为航空客运市场新的增长点，而当时的超远程航线被波音747牢牢占据。这个市场，成为快速发展中的空客无法忽略的战场。

同样在这一时期，美国联邦航空管理局于1985年批准了新的ETOPS-120条例。

ETOPS，即双发延程飞行，最初是国际民航管理机构出于民航安全性考虑而制定的针对双发飞机的一系列规定。一架飞机如果取得了ETOPS-120认证，就意味着这架飞机可以在单侧发动机全负载下,安全飞行120分钟。

这对发动机的可靠性有着严苛的要求,在当时的技术条件下,没有发动机能够取得这样的认证,所以跨洋飞行的飞机仍然是以四发为主。

在这样的背景下,空客公司于1987年6月5日正式启动空客A330/A340项目。这一研发思路是:两款300座级的飞机,一款是双发中程宽体客机,一款是四发远程宽体客机,但在设计上又采用了相同的机体和系统。

1991年10月25日,首架A340-300顺利首飞。优秀的经济性、极佳的安全性和具有执行跨洋航线的能力,一系列出众的优势,让A340在首飞当年便获得了100多架飞机的订单。波音747不再独霸跨洋航线。

1995年,A340刚开始热销之时,美国通用电气公司(GE)推出了新型的大推力发动机GE90。

GE90是一种新型高涵道比涡扇90 000磅级发动机,它集合了当时最先进的发动机制造技术,推力可以达到115 000磅。一台发动机的推力比波音707四台发动机的推力还要大。

同年5月,装配有两台GE90发动机的波音777,成功获得美国联邦航空管理局于1988年批准的ETOPS-180认证。这不仅意味着波音777可以在单发动机全负载下,安全飞行180分钟，更意味着包括太平洋航线在内的绝大多数超远程航线都可以使用双发客机执飞。

空客家族部分机型对比图

这影响了飞机制造产业的格局。

发动机技术的进步和 ETOPS 体系的修订，为双发远程客机市场扫除了最后的障碍。

在波音 777 等大推力双发飞机的冲击下，问世第一年就拿下 100 多架订单的 A340，在之后的 20 年间，总订单数都没能超过 400 架。

通用电气研发的 GE90 系列发动机

GE90 系列发动机是一种高涵道比商用超大推力涡扇喷气发动机，首台于 1995 年 11 月搭载于英国航空公司订购的波音 777。

第十四章
地球上空的产业

1999年12月31日,"1"时代即将结束,人类将进入一个新千年。一个计算机计时方式的程序漏洞,在岁末年初引发了一场恐慌。

当时钟跨越新千年的0点时,计算机显示的时间"99"就会变成"00",但系统无法识别由"00"表示的具体年份,到底是"1900"还是"2000",从而发生年份识别的紊乱。如果"千年虫"发作,将会引发一系列"多米诺骨牌"效应,导致计算机系统大面积瘫痪,通信会中断,交易会冻结,飞机不能起飞或起飞后迷航……

因而,自1998年起,全世界便开启了一场总花费高达6 008亿美元的"除虫"行动。

在千禧年钟声响起的6个月前起,美国、中国、欧洲等各国和地区的机场和航空公司陆续宣布"除虫"成功。但混乱还是发生了。印尼、越南等国的机场和航空公司由于无力承担高昂的"除虫"费用,跨年航班全部被迫取消。

从航电系统到控制雷达,从空管系统到智慧机场,第四次技术革命的到来,使信息技术、无线通信、新材料、新能源等科技，逐渐渗入现代航空业的方方面面。

这个系统，具有前所未有的先进性与复杂性，任何一个细节的变化都可能产生辐射全球的"蝴蝶效应"。它为产业发展带来了无限的可能，同时，也潜藏着未知的挑战。

2001年2月28日，美国西雅图发生里氏6.8级大地震。惊慌、恐惧的情绪瞬间笼罩在这座城市上空。然而，一则正在扩散的消息在人们心中引起了更强的"余震"——波音公司即将搬离西雅图。

情绪激动的市民开始打出各类标语走上街头，呼吁市长不惜一切代价把波音留下。整整两个月，西雅图充斥着绝望和愤怒，人们夜夜难以入眠。

1916年，威廉·波音在联合湖岸边的一个破旧工棚里，开始了自己制造飞机的梦想。从那时起，波音就开始在这座城市生根发芽、开枝散叶。历经百年，一家企业孕育并塑造了一座城市，也牵动着一个国家。

波音的崛起，让西雅图成长为全世界最著名的航空城。这里拥有目前世界上规模最大的大型飞机装配基地和高度聚集的航空产品供应链。波音公司全球5 200多家配套商，就有1 000多家位于西雅图。

从 1997 年到 2002 年，全美飞机制造业对 GDP 的贡献不到 0.5%，却影响了美国 80% 的经济活动。这还仅仅是航空制造业，尚未将航空公司纳入其中。而引领美国航空制造发展的波音公司，又是全美所有公司中最大的单一出口商。

2001 年 5 月，在经历了两个月的煎熬之后，一切尘埃落定。波音公司董事长宣布，将公司总部迁往芝加哥，但旗下主要飞机生产线和最重要的两家总装工厂依然保留在西雅图地区。

一石激起千层浪。波音总部的搬迁，向全世界传递出了一个信号——进入新世纪的商用飞机市场将注定不会那么平静。而大西洋的另一端，航空巨头空客公司也在酝酿自己的大动作。

2004 年 12 月 10 日，A350 项目正式启动，将新一代宽体客机的竞争推向了新的阶段。

2007 年 7 月 8 日，在波音公司位于华盛顿州西雅图以北 40 千米的埃弗雷特装配工厂，1.5 万人聚集于此，翘首以待，准备一睹"梦想"的风采。

这款被称为"梦想客机"的飞机，正是波音 787。4 年前，经过 50 万人投票，最终为它征集到了一个充满诗意的名字——Dreamliner，即"梦想客机"。

空客 A350

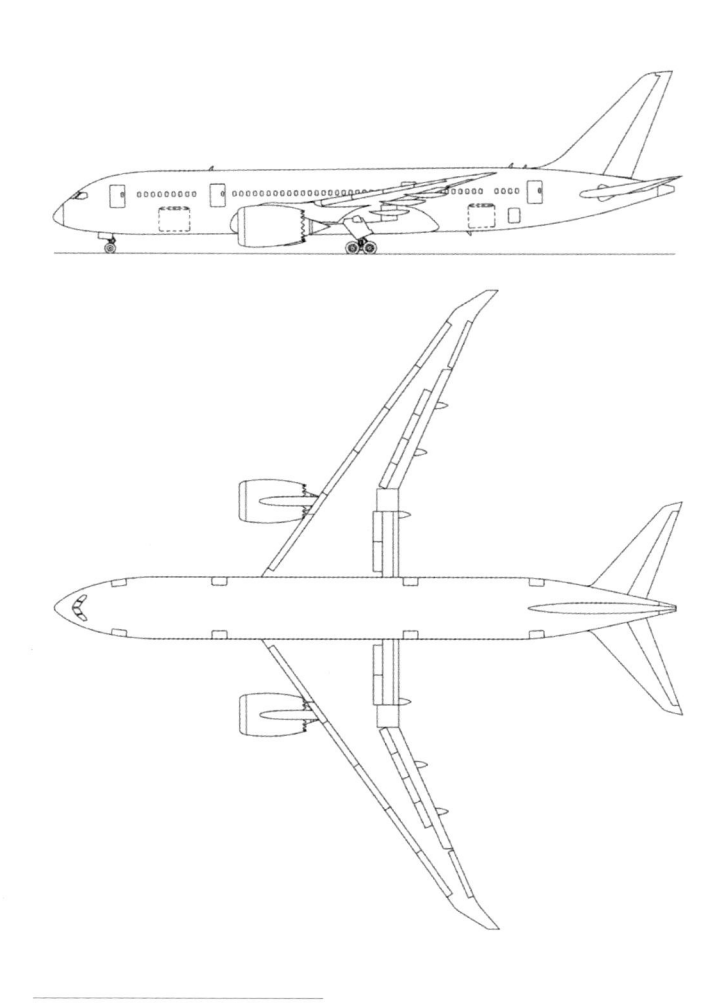

"梦想客机"波音787侧位图

波音787的问世，无疑把飞机制造商之间的竞争推到了全新的维度。无论在旅客还是航空公司眼中，这都是一款足够"梦幻"的机型。性能更高的发动机、使用更多复合材料以减轻机身重量、舒适的客舱环境等，都让它尚未试飞便已迅速成为市场的宠儿。

关于飞机本身的定位，波音高管们没有太多争议，但对于全新的生产组织形式，却难以达成共识。在一场场马拉松式、痛苦且漫长的讨论过后，他们终于制定出了风险共担、利益共享、全球协同制造的全新生产组织模式。

这是一次全球制造下的总装革新。波音自己只负责35%的工作包，其余65%的工作包被分拆给美国、日本、意大利、中国、法国和澳大利亚等国家的众多供应商。

为了协调进度，设计伊始，波音就建立起与每一支供应商队伍的密切联系，随后又建立起一个由自己负责维护的计算机数字模型系统，对波音787进行"虚拟装配"。每一支供应商队伍制造的零部件，都会生成相应的三维数据。正是依靠这些数据，所有供应商生产的零部件组装和校验都在计算机上实时进行。

对波音公司来说，制造环节的协同并不是最大的挑战，难的是如何将散落在世界各地的零部件及时、准确地送往总装基地。

世界航空史上第一款超远程中型客机波音787

为此，波音公司进行了无数方案的研究，最后不仅改装出运输所需的大型货机，而且建立了一个生产集成中心，充当统揽787总装工作全局的"大脑"，实时追踪、调度。最后，就连波音自己的总装，也在787的项目中实现了模块化、脉动式和数字化转型升级。

2007年7月8日，第一架波音787总装下线。

2009年12月15日，波音787首飞升空。

任何一条创新之路，都注定荆棘密布。规模空前的全球大协作，带来的也是前所未有的挑战。直到2011年首架交付，波音787共历经8次延期。

2017年10月，空客集团宣布，以1加元收购加拿大庞巴迪公司旗下制造和销售C系列飞机的实体公司50.01%的控股股权，庞巴迪公司历时10多年研制的80—120座的C系列客机被纳入空客旗下，改名为A220。

2019年6月，庞巴迪公司又与日本三菱公司签署合同，将自己旗下的50—100座支线喷气客机CRJ系列业务以5.5亿美元价格整体出售给后者。这也意味着这个曾是世界第三大民用飞机制造商的支线客机巨头彻底退出世界商用飞机主制造商行列，加拿大媒体悲伤地写道："这是一个时代的结束。"

1986年，庞巴迪公司通过收购康纳戴尔公司开始进军航空制造业,并从1989年开始启动CRJ项目,进军支线飞机研发制造。

庞巴迪公司先后推出了CRJ-100、CRJ-200、CRJ-700、CRJ-900、CRJ-1000等喷气支线飞机,载客量从50人到100人不等。CRJ系列飞机以其低成本、高效率等特点,赢得了市场的青睐,并占据了北美市场的绝对优势地位,先后交付飞机近2 000架,成为世界上最畅销的支线飞机之一,也创造了庞巴迪公司从20世纪90年代至21世纪初的辉煌。

如此大好局面下,庞巴迪公司做出了研制一款80—120座客机的计划,启动了C系列的研制,并在2013年9月实现了首架C系列(CS100)的首飞,2015年实现了较大型的CS300的首飞,还一举拿下美国达美航空125架飞机的订单。2017年4月27日,波音公司向美国政府提起诉讼,指控庞巴迪公司在美构成倾销行为,以及背后存在高额政府补贴。

20世纪90年代,在世界商用飞机巨头放弃的100座级以下支线市场中,加拿大庞巴迪和巴西航空工业公司两大支线巨头悄然崛起。

巴西航空工业公司成立于1969年。及至1995年,完成私有化改造的巴西航空工业公司集中全部力量开发50

座级的ERJ-145项目，首架原型机于1995年11月首飞，1996年取得美国联邦航空管理局和巴西适航当局适航证，1997年取得欧洲航空安全局适航证。巧合的是，这款客机首飞取证之时也是它的竞争对手庞巴迪CRJ-200交付之时。

1996年，美国大陆快运公司一次性订购了200架ERJ-145；1997年巴黎航展，ERJ-145又接到了美国鹰（AEO）公司的67架订单。这是巴航工业有史以来最大的两笔订单。与此同时，庞巴迪的CRJ-200却只卖了不足10架。

从飞机本身的各项工业指标来看，ERJ-145相比于CRJ-200确实具有一定的优势——整机重量轻了2吨，售价便宜300多万美元等。但这些并不足以解释订单量的悬殊。在ERJ-145成功的背后，巴西航空工业采用的"零首付"购机模式功不可没。

零首付，对于航空公司，特别是20世纪90年代初期的航空公司来说，有着极大的吸引力。

航空运输业从它诞生的那天起，就是一个重资产的行业，而购买飞机的费用可以占到航空公司前期投入成本的11%。博泰罗正是看中了客户的这个"痛点"，对症下药，协调巴西开发银行为购买该飞机的航空公司按照国际利率水平提供 100% 融资，解决了航空公司眼前最大的难题。金融，已经成为商用飞机产业不可或缺的重要支撑。但它大规模介入商用飞机市场，是从航空租赁开始的。

商用飞机的使用年限一般为 20—30 年，随着机龄增加，通常在飞行 10 年后，飞机的维修成本就会剧增。航空租赁公司的出现和繁荣发展，可以让航空公司没有后顾之忧，使用更加年轻的机队。

航空制造业面向租赁公司销售产品，航空公司又从租赁公司获取飞机。租赁的飞机到期后，退回租赁公司，由租赁公司再行转租或转卖至二手市场，改为货运飞机。

在 ERJ-145 上旗开得胜的巴西航空工业公司随后又发展出 E-170、E-175、E-190、E-195 等覆盖 70—120 座的支线飞机，迅速跻身支线飞机制造商前列。

支线商用飞机也成为后来者的希望之地。

2003 年，三菱重工从日本政府手中雄心勃勃地接过 MRJ 项目。而这一项目所要研发的 MRJ 客机，一度被日本视作重振航空工业的希望，媒体也称其为"希望之翼"。

三菱重工正是在那时显露出雄心。从 20 世纪 80 年代起，它就和斯巴鲁公司（原富士重工）、川崎重工等日本大型企业一道，先后成为波音公司重要的海外零部件供应商，为航空工业发展积累了大量经验和人才。

由浦发金融租赁股份有限公司出租给成都航空公司运营的中国 ARJ21 支线喷气客机

这款 78—97 座支线喷气客机于 2016 年起在成都航空、天骄航空、江西航空、华夏航空和国航、东航、南航等运营。

在波音787项目中，以三菱重工为代表的日本航空企业拿到了35%的工作包，其中包括技术含量极高的787复合材料翼梁、蒙皮等部件的结构设计、制造。但这对日本企业来说，还远远不够。他们并不甘心止步于此，想要再往前，就必须向产业链的更高端发展——成为飞机主制造商。这也正是三菱重工真正的目标。

2008年，MRJ项目正式启动。在研发、设计、生产全自主模式和"主制造商—供应商"模式的选择中，三菱重工采用新世纪通行的"主制造商—供应商"模式。

这一模式肇始于20世纪90年代。在那以前，大多数飞机制造商都以自主研发、设计和生产为主。即便是波音这样的超大型制造商，在波音727的项目中，也只将2%的工作交由供应商完成。

进入20世纪90年代，随着经济全球化的趋势快速展现，基于技术进步出现的国际分工进一步深化，大型飞机制造的分工协作体系才逐渐形成，"供应链"概念开始提出。而日本的航空制造体系的发展和完善，正是得益于这一分工协作。

有了这样的支撑，MRJ本身设计理念的起点就变得非常高。在气动上，它采用了最新的低阻力机身及更高效的机翼设计，并且采用了普惠公司的GTF发动机。

这些设计使得这款 MRJ 客机在理论上拥有了不俗的燃油经济性，同时还在纸面上展示出十分优越的性能，进而吸引了众多潜在客户的目光。然而，这款承载了市场期待的新一代客机，原计划于 2013 年投入市场，却迟迟未能面世。

供应链管理、适航审定，每一个环节对于三菱来说，都是第一次；每一步的尝试，都在摸着石头过河。其中，供应商管理便是三菱首先遇到的难题。

由于 MRJ 客机的发动机、航电系统等设备都来自欧美制造商，在项目研制过程中，发动机和一些航电系统都不能按期交付，使三菱不得不宣布项目推迟。

现代大型商用飞机有上百万个零件，飞机的生命周期通常在二三十年，对安全性和持久性都有着极高的要求，供应链也就变得更加复杂。这也就对主制造商提出了更高的要求。然而，对 MRJ 项目来说，更大的问题是适航取证。在项目正式启动 5 年后，三菱飞机公司才意识到他们的零部件生产没有遵照适航规章的要求。

直到 2016 年，一架 MRJ 原型机才出现在美国波特兰机场，进行适航审定测试。算上这一年，这款投入重金研制的新型支线飞机，研制已经走过了 13 个年头。

中国商飞研制的 C919 在江西南昌、山东东营等地开展适航试验

2020年10月30日，三菱重工召开线上新闻发布会，正式确认冻结日本第一架国产喷气式支线客机项目的开发。日本的大飞机之梦，再次停滞。

日本，并不是唯一折翼的追赶者。此时本计划凭借支线客机SSJ-100进军商用飞机市场的俄罗斯苏霍伊公司，也面临重重难关。

百余年来，商用飞机制造并没有因技术的进步变得更简单，反而演化为一个高度复杂的综合型产业。对于新兴力量而言，这是一场风险与赌注都数倍于先驱们的勇敢者的冒险。

穿越历史的迷雾，人们发现，商用飞机产业早已不是一个单纯的制造业，托举起这个庞大产业体系的，是一双双看得见和看不见的手。制造商、供应商、航空公司，适航、金融、市场等共同构筑着人类的天途，而努力捕捉变幻不定的市场需求，则更是天空中的铁律。

2005年4月27日上午，空客公司的第10款主要机型——A380原型机，在跑道上滑行了30秒后，腾空而起，成功完成首次试飞。

C919飞机2023年5月28日首航时飞过上海外滩。交通银行旗下交银金融租赁有限责任公司等在项目早期即成为C919启动客户

与A300问世之初无人问津不同，这一次，A380吸引了全球各大航空公司的关注，也让空客登上了商用飞机制造的顶峰，几乎所有人都认为，它能引领商用飞机制造的未来。

2019年6月，最后一架空客A380的机身从空客公司的圣纳泽尔工厂运往图卢兹，在那里，它将完成最后的总装。至此，这架超级巨无霸的生产架数，还远远没有达到盈亏平衡点。而与波音747同年亮相的速度巨人"协和"号超声速客机，则在2003年10月24日就完成了它的最后一次商业飞行。

不断进化的市场，让人无法断定"柯尔克机器"就是商用飞机的最终模样，也无法断定十几年前就惨淡退役的超声速客机是否会在新的市场需求下再度归来。

尽管把控市场需求之难，注定后来者的道路无比艰难，但对商用飞机来说，缺席，就永远没有未来。

今天，在全世界两百多个国家中，任何一个国家的经济、生活都离不开商用飞机。然而经过百年洗礼，大浪淘沙，全世界能够制造大型商用飞机的国家和地区却仍然屈指可数。而能够制造大型商用飞机，实际上是一个国家综合实力的表现，也是一个国家的科技、工业和经济水平的综合标志。

空客A380四发洲际远程大容量客机

A380飞机是全球迄今制造的最大、最宽敞的客机，载客量高达530—850人。它的研制费用高达144亿美元。

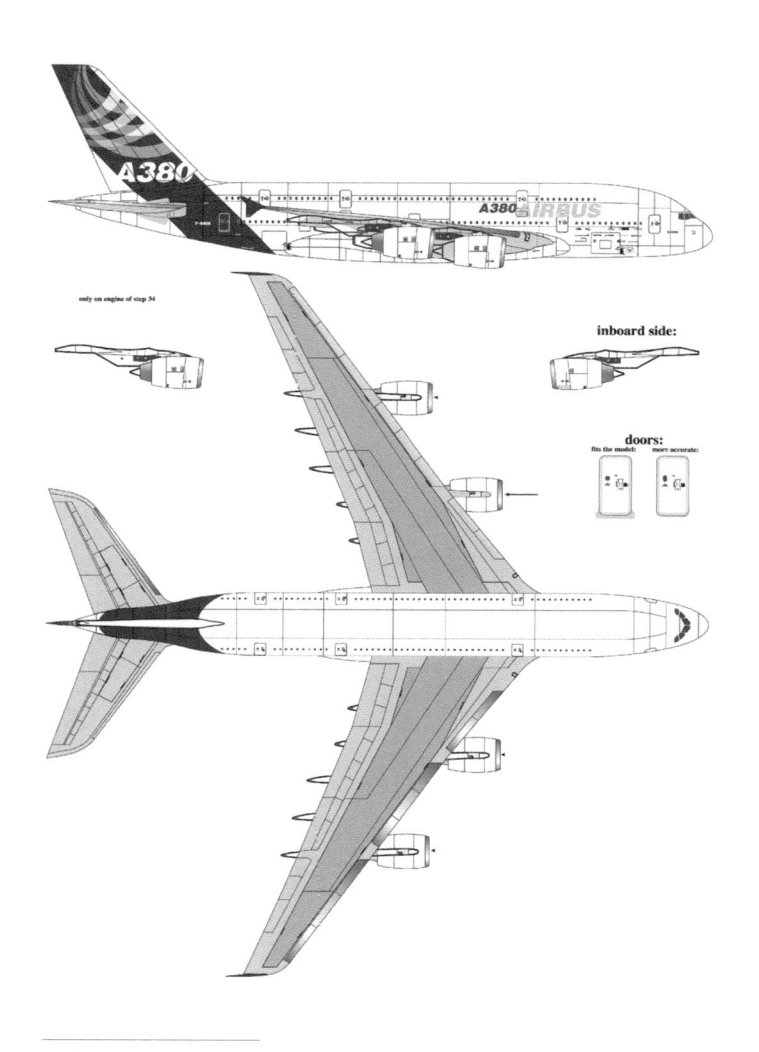

空客 A380 结构示意图

日本通产省（日本旧中央省厅之一，2001年改组为经济产业省）曾做过一份单位重量价值的统计，如果说轮船是1美元的话，那么汽车是9美元，计算机是300美元，大型商用飞机则高达800美元。

2008年5月11日，中国上海黄浦江畔，中国商用飞机有限责任公司正式挂牌成立，中国的大飞机之梦再次起航。然而近年来，从空客A380停产到波音737MAX事件，再到席卷全球的新冠疫情，商用飞机领域的"黑天鹅"接连不断。这让无数的人第一次那么直观地感受到商用飞机产业的艰难和风险。面对悄然来临的百年变局，人们也在追问，商用飞机的发展之路到底在何方？究竟如何才能继续支撑起新的大飞机乘风远航？

技术的飞跃，商业的尝试，生态体系的建立，协作模式的探索……寥廓苍穹，百年风雨，一代代航空人以血汗为轫，以梦想为翼，踔厉奋发，笃行不怠，铸就了如今纵横交织的漫漫天路。

梦想、勇气、奉献、奋进——先驱们曾在暗夜寻找光亮，为人类插上腾飞的翅膀。当我们得以在云层中从容地俯瞰大地，便拥有了跨越山河大海的能力，变革由此加速。

发展、革新、竞争、突破——领军者与后来者前赴后继,目光直指天空的深远处。当新技术浪潮以前所未有的速度席卷而来,更高效、更安全、更具想象力的未来出行图景,是新一代航空人新的使命。

这条路,依旧充满挑战,充满未知。

天空浩瀚无比,探索永无止境……

后记

从梦想到现实，从军用到商用，从螺旋桨动力到喷气动力，从单通道到双通道，从机械式操作到电传操纵，从极少数人之"飞天专享"到亿万普罗大众飞向世界、飞向远方的"寻常之翼"，从一国一区域之合作到全球之大市场、大集成、大协作……

一部商用飞机发展史，就是一部人类现代科技工业发展史，一部现代经济社会发展史。

这部历史，充满了惊险，布满了悲壮和传奇。这部历史，既是一部大地上的纵横大戏，更是一部蓝天上的人类英雄史诗。每一次峰回路转，每一处跌宕起伏，每一曲慷慨悲歌，都值得后来人仔细咀嚼和反复品味。

百年未有之大变局之际，我们联合有关机构、力量，策划摄制了《人类的翅膀——世界商用飞机发展简史》大型航空历史纪录片，同时以该纪录片为基础进一步丰富、延展、深化，编著本书，以满足更多航空爱好者、关注者和从业者的系统梳理、深入探究之需。

本书出版和同名纪录片的摄制得到了中国民航总局原局长杨元元先生、中国作家协会副主席阿来先生等悉心指导。资深航空记者贾远琨、陈姗姗、于达维，航空科普和出版专家周日新、李成智、王亚男、瘦驼、蒋斯来、王玉芳等，对本书文献工作给予了鼎力支持。北京三多堂传媒有限公司和图书策划人萧喆分别为本书的出版和统稿工作做出了重要贡献。

在此，谨向以上有关机构和个人表示感谢。

编者水平所限，不当之处敬请广大读者批评指正。

《大飞机》编辑部

2024年6月28日

参考文献

- 顾诵芬，史超礼.世界航空发展史[M].郑州：河南科技出版社，1998.
- 约翰·W. R.泰勒，肯尼思·芒森.世界航空史话（上，下）[M].《世界航空史话》翻译组，译.北京：中国人民解放军出版社，1985.
- 小约翰·D.安德森.飞机：技术发展历程[M].宋笔峰，裴扬，钟小平，等译，北京：航空工业出版社，2012.
- 詹尼佛·凡·佛莱克.空中帝国：美国航空与美国霸权[M].姜哲人，译.北京：航空工业出版社，2019.
- 王亚男.百年影像 民用航空[M].北京：北京航空航天大学出版社，2019.
- 班纳姆.波音100年[M].赵秀丽，张昕，译.北京：航空工业出版社，2000.
- 乔·萨特，杰伊·斯宾塞.未了的传奇——波音747的故事[M].李果，译.北京：航空工业出版社，2008.
- 皮埃尔·斯帕克.空中客车——一个真实的故事[M].王芳，等译.北京：航空工业出版社，2010.
- 约翰·纽豪斯.最高的战争——波音与空客的全球竞争内

幕[M].宁凡,译.北京:北京师范大学出版社,2007.
- 马克·P.沙利文.可信赖的发动机:普惠公司史话[M].乔俊山,译.北京:航空工业出版社,2013.
- 赵越让.适航的理念与原则[J].大飞机,2022.